MOHAMED EL BAKKARI

Turismo, recursos locais e desenvolvimento humano

O caso da autarquia local de sidi boulkhalf (província de Azilal, Marrocos)

ScienciaScripts

Imprint

Cover image: Disponibilizado pelo autor

This book is a translation from the original published under ISBN 978-620-6-69992-7.

Publisher:
Sciencia Scripts
is a trademark of
Dodo Books Indian Ocean Ltd. and OmniScriptum S.R.L publishing group

120 High Road, East Finchley, London, N2 9ED, United Kingdom
Str. Armeneasca 28/1, office 1, Chisinau MD-2012, Republic of Moldova, Europe
Printed at: see last page
ISBN: 978-620-8-28698-9

MOHAMED EL BAKKARI

Turismo, recursos locais e desenvolvimento humano

Conteúdo

Introdução geral

As montanhas de Marrocos são ricas em biodiversidade, mas infelizmente a maioria dos seus habitantes vive na pobreza. Isto deve-se ao facto de recursos naturais cruciais, como as florestas, os minerais e a água, serem frequentemente apropriados e explorados por actores estrangeiros. Os habitantes das montanhas raramente beneficiam destes recursos, e as actividades económicas nestas regiões permanecem em grande parte subdesenvolvidas, com uma gestão pouco sustentável ou racional. Esta situação faz com que as comunidades de montanha enfrentem dificuldades financeiras persistentes.

Por outro lado, as zonas de montanha foram negligenciadas no passado, não recebendo nem a atenção nem o investimento público necessários para o seu desenvolvimento. Atualmente, estas zonas de montanha registam um atraso significativo em termos de infra-estruturas socioeconómicas e culturais, e as condições de vida de muitas populações locais continuam a ser globalmente insatisfatórias.

Infelizmente, esta visão pessimista é generalizada na maioria dos países em desenvolvimento. No entanto, Marrocos dispõe de importantes recursos que poderiam desempenhar um papel ativo no desenvolvimento socioeconómico local.

Este facto sublinha que as regiões montanhosas de Marrocos não são apenas repositórios de recursos naturais importantes e de um saber-fazer local valioso, mas representam também verdadeiras oportunidades de desenvolvimento. Estas zonas são o lar e o local de atividade da população autóctone, que desempenha um papel crucial no desenvolvimento destes territórios. Apesar de todos os seus trunfos, a situação das zonas de montanha marroquinas continua a ser muito difícil atualmente. Estas zonas sofrem de grandes desvantagens climáticas e geográficas, agravadas pela sua marginalização. Embora tenham sido lançadas várias iniciativas nestas zonas, estas não produziram os efeitos desejados. Não tiveram a dimensão necessária para contribuir para a integração desta parte do país na economia nacional. Muitas vezes, a vantagem de uma lógica de rentabilidade financeira a curto prazo levou à aceitação das disparidades regionais e ao aumento da pobreza. É o contrário desta lógica que permitirá restabelecer estas zonas no seu papel económico, cultural e histórico e no seu papel de barreira territorial e ecológica.

Nesta perspetiva, a valorização das zonas de montanha e o desenvolvimento humano tornam-se imperativos para a preservação destes ecossistemas, que são de importância vital para a economia nacional.

Se a Iniciativa Nacional para o Desenvolvimento Humano, lançada por Sua Majestade em 18 de maio de 2005, fornece um quadro político e institucional explícito que favorece a implementação de acções de desenvolvimento, ela convida-nos a todos a pô-la em prática e a reforçá-la.

As experiências disponíveis em Marrocos foram todas baseadas na ideia de que é o Estado que, com base num modelo pré-concebido, deve definir as orientações e decidir as acções mais adequadas e a forma como estas acções devem ser executadas. Esta abordagem centralizada e descendente não permite que as populações rurais, e mais particularmente os grupos mais pobres, participem na escolha dos programas de desenvolvimento e na sua execução.

mais do que 9a, o Estado posicionou-se como estando em posição de definir as necessidades da população e de decidir sobre as acções necessárias para as satisfazer, submetendo assim estas populações a uma forma de sujeição e impotência.

Até ao início dos anos 90, as abordagens de planeamento e de gestão preconizadas não permitiam assegurar a sustentabilidade dos próprios recursos naturais, nomeadamente nas zonas agro-ecológicas marginais, nem dos métodos agrícolas melhorados propostos. Por conseguinte, estas zonas estão cada vez mais ameaçadas pela "desertificação humana" e pelo abandono das terras (DSE 2020).

A consciência da dimensão dos fracassos está a orientar cada vez mais os esforços de desenvolvimento para abordagens participativas, da base para o topo, que se estão a revelar mais eficazes do que as abordagens do topo para a base utilizadas no passado.

Mais do que nunca, a integração e a participação são os princípios fundamentais de qualquer projeto de desenvolvimento comunitário ou processo de planeamento de acções. Embora tenham sido feitos esforços por vários projectos em todo o Reino, ainda existem diferenças de significado e de implementação. É necessário parar e analisar o que foi alcançado até agora, a fim de avançar para uma abordagem realista e flexível que possa ser adaptada à diversidade das áreas em que operamos.

A participação das populações nas acções de desenvolvimento tornou-se um imperativo exigido tanto pelas estruturas governamentais que trabalham no domínio do desenvolvimento como pelos doadores. Em termos de política de desenvolvimento regional, a participação é um princípio orientador e uma condição sine qua non para a implementação das diretrizes nacionais.

No domínio do desenvolvimento rural, o termo "participação" passou a fazer parte da linguagem oficial da maioria das partes interessadas. A sua aplicação implica uma mudança na perceção do papel das populações rurais e nos métodos de ação.

Os poderes públicos marroquinos contam com a participação ativa e efectiva das populações rurais para iniciar e manter o desenvolvimento local. Para o efeito, um grande número de iniciativas de desenvolvimento são postas em prática em todo o Reino, mas a primeira constatação é a fraca adesão das populações rurais a estas iniciativas, devido a um certo número de constrangimentos que afectam atualmente Marrocos em termos de participação no desenvolvimento rural e de proteção dos recursos naturais.

É nesta perspetiva que o presente trabalho esboça um estudo sobre o desenvolvimento local nas zonas de montanha - constrangimentos e potencialidades - o caso da comuna de Sidi boulkhalf.

O objetivo final deste estudo é formular um projeto de desenvolvimento adaptado às caraterísticas específicas desta comunidade rural, utilizando uma abordagem participativa.

Este trabalho está estruturado em três partes principais:

O primeiro capítulo é dedicado ao problema e à metodologia de investigação.

O segundo capítulo apresenta as potencialidades e os condicionalismos da comuna de sidi boulkhalf.

O último capítulo (capítulo 3) tem como objetivo propor um projeto regional que reflicta as caraterísticas específicas da comuna de Sidi Boulkhalf.

À luz das lições aprendidas, das reflexões e das análises acima referidas, uma conclusão geral e recomendações resumirão a nossa investigação.

I Capítulo

Problema e metodologia de investigação

Introdução

A situação das zonas de montanha em Marrocos continua a ser muito difícil atualmente. É marcada por fases de marginalização e de desvitalização económica que continuam a acelerar. Estas zonas sofrem de grandes constrangimentos climáticos e geográficos, agravados pela sua falta de acesso. Embora tenham sido lançadas várias iniciativas nestas zonas, estas não tiveram o alcance necessário para contribuir para uma verdadeira integração desta parte do território na economia nacional.

Apesar de todas as riquezas oferecidas pelos recursos naturais e pelo património cultural, as fontes de rendimento das populações que vivem nas zonas de montanha continuam a limitar-se à agricultura, à pecuária e aos produtos florestais.

Além disso, a implementação de um processo de desenvolvimento local a partir de "baixo" pressupõe a existência de capacidade de decisão e de responsabilidade a nível local, o que continua a depender em grande medida de uma verdadeira descentralização do sistema político-administrativo e da aplicação do princípio da subsidiariedade. Qual é a realidade?

1. Problema :

Em Marrocos, como em todos os países em desenvolvimento, o desenvolvimento é uma preocupação fundamental e o desenvolvimento rural é particularmente importante, em primeiro lugar porque quase metade da população vive em zonas rurais e, em segundo lugar, devido à disparidade entre as zonas urbanas e rurais.

O mundo rural atual confronta-se com uma série de problemas que constituem verdadeiros obstáculos ao seu desenvolvimento. As caraterísticas sociais, a diversificação da população rural e a forte pressão demográfica estão a desacelerar o processo de desenvolvimento das zonas rurais.

A agricultura, principal fonte de rendimento das zonas rurais, ainda não é capaz de realizar o seu potencial em termos de produtividade e de criação de emprego. A inadequação e a precariedade das infra-estruturas económicas e sociais nas zonas rurais reduzem igualmente a capacidade de redução agrícola e as iniciativas da população rural.

A única consequência foi o facto de o mundo rural ter sido fortemente marcado pela pobreza e vulnerabilidade da sua população pobre.

No entanto, a participação da população no processo de desenvolvimento é severamente limitada pela falta de organizações e associações profissionais, o que inibe o dinamismo global da sociedade rural.

Os problemas que o mundo rural enfrenta exigem uma abordagem estratégica nacional para encontrar soluções viáveis, com a participação de todos os actores envolvidos neste desenvolvimento.

A comuna rural de Sidi Boulkhalf (objeto do nosso estudo) pertence igualmente ao grupo das comunas que sofrem dos problemas e dos obstáculos ao desenvolvimento acima referidos.

Depois de um primeiro olhar sobre a história do desenvolvimento da cidade, tornou-se claro que há grandes desafios a enfrentar, problemas estruturais que precisam de ser resolvidos e questões estratégicas que precisam de ser abordadas.

É neste contexto que o nosso estudo tentará ajudar a responder à seguinte questão:

Que estratégia de desenvolvimento local é adequada para a comuna rural de Sidi Boulkhalf?

Para compreender esta questão central, parece-nos essencial responder às seguintes questões:

1- Quais são os obstáculos que impedem o desenvolvimento de Sidi Boulkhalf?

2- De que recursos beneficia a autarquia local em questão?

3- Que projectos devem ser desenvolvidos para responder às necessidades específicas da comuna de Sidi Boulkhalf no âmbito de uma abordagem participativa?

2. Metodologia de investigação :

As disciplinas científicas partem sempre de hipóteses, desenvolvem métodos, efectuam experiências e produzem resultados. Não há dúvida de que a obtenção de resultados exactos e lógicos está intimamente ligada ao método de trabalho adotado.

Segundo PASCON (1981), "não existe um método único que sirva para tudo; cada pesquisa é, antes de mais, uma pesquisa de um método".

A escolha dos métodos depende, portanto, principalmente dos objectivos do estudo e dos recursos disponíveis.

3. Instrumentos de recolha de informações :

3- 1 Entrevistas

Para recolher o máximo de informação possível sobre o nosso estudo, escolhemos como instrumento de investigação a entrevista semi-diretiva. Consideramos que este é o meio mais adequado para dar resposta às questões que colocámos no âmbito da nossa problemática.

GRAWITZ (1990) relata que "é um procëdë de investigação científica, utilizando um processo de comunicação, para reunir informações em relação ao objetivo ňxë"

Esta ferramenta de investigação permite-nos também evitar o risco de deixar sem resposta ëlëments que poderiam ser de grande importância para o nosso estudo.

No nosso estudo, a entrevista permitiu-nos conhecer o papel da comuna rural no desenvolvimento, tentando analisar, com os entrevistados, as acções levadas a cabo pela comuna rural de Sidi boulkhalf. A entrevista permitiu também apreender os diferentes factores que podem influenciar a participação das partes interessadas no desenvolvimento (parentes locais, população local, pessoal da comuna, investidor e autores locais).

Ao contrário do inquérito por questionário, a entrevista caracteriza-se por um contacto direto entre o investigador e o entrevistado e por uma fraca orientação do investigador. Assim, a ideia de levar o entrevistado a falar, de o colocar em posição de se exprimir mais longamente e mais livremente, de dizer espontaneamente as coisas que lhe vêm à cabeça por associação de ideias adequadas, por vezes não relacionadas com o tema, é uma ideia que se desenvolve.

Escolhemos a entrevista semi-diretiva como tipo de entrevista. É diretiva no sentido em que não é totalmente aberta nem canalizada por um grande número de perguntas precisas.

3-2 Observação participativa :

O observador, integra-se em graus diversos na situação, para melhor a compreender" (COPIN, 1998 e'Пë by ABELOUCH, 2006)

A observação participativa é uma técnica utilizada pelos sociólogos e antropólogos, que implica a presença e a participação do observador na vida social e cultural da população estudada. É visual ou auditivo.

3-3 Método de análise :

A análise é um processo contínuo de revisão da informação recolhida, da sua verificação e da elaboração de conclusões. No nosso estudo, a informação assim obtida foi submetida a um processo que inclui:

> **Uma** análise **descritiva**: esta análise permite-nos apresentar e descrever a situação de forma clara e simplificada e recolher as informações necessárias para efetuar as nossas investigações.

> **Análise contínua**: esta análise permite filtrar e selecionar as informações recolhidas, bem como procurar objetivamente a continuidade clara da comunicação e a lógica dos intervenientes.

> **Uma** análise **comparativa**: o objetivo desta análise é comparar os resultados dos inquéritos obtidos com outras experiências semelhantes e tirar algumas conclusões.

4. Hipóteses de investigação :

A principal hipótese que orienta esta investigação é que o desenvolvimento local na comuna rural de Sidi Boulkhalf exige a participação de todos os seus elementos constitutivos, nomeadamente a sociedade civil, as autoridades locais, os eleitos locais e o sector privado.

Esta hipótese principal dá origem às seguintes hipóteses específicas:

> A comuna de Sidi Boulkhalf deve valorizar os seus recursos e as suas potencialidades para que o seu desenvolvimento possa ser bem sucedido.

> A população rural participa nos projectos e programas de desenvolvimento local.

5. O objetivo do estudo :

O objetivo deste estudo é analisar as principais potencialidades e constrangimentos da comuna de Sidi Boulkhalf, com base nos projectos já existentes, e formular um certo número de recomendações para identificar as condições prévias à conceção de um projeto territorial adequado, baseado numa abordagem participativa que responda às caraterísticas e necessidades específicas de todos os elementos da comuna em questão.

Este tema foi escolhido pelas seguintes razões:

A escassez de estudos sobre as comunidades rurais.

A sensibilização das comunidades locais e da sociedade civil para a questão do desenvolvimento local aumentou nos últimos anos.

(governação local, transparência, abordagem territorial, etc.)

Capítulo II

O Sidi meio-campo, enorme potencial, mas também mas também constrangimentos ao desenvolvimento local

Introdução

Desde os anos 90, Marrocos tem vindo a reformular a sua estratégia de desenvolvimento rural. Face ao atraso social, económico e político acumulado, esta estratégia procura reorientar a intervenção do Estado em favor de um desenvolvimento que reflicta uma abordagem global, integrada e participativa.

O objetivo é criar um ambiente favorável à correção dos desequilíbrios e ao desenvolvimento do potencial das zonas rurais. A alavanca principal é a criação de clusters de projectos adaptados às realidades das zonas-alvo, com vista a promover a emergência de pólos de desenvolvimento.

Assim, neste capítulo, vamos apresentar as diferentes componentes da comuna de Sidi Boulkhalf (objeto do nosso estudo), com o objetivo de identificar as potencialidades e os constrangimentos da comuna em questão, a fim de conhecer o quadro geral de desenvolvimento local que corresponde às exigências do meio e às expectativas da população.

I - Apresentação geral da comuna de Sidi Boulkhalf

A comuna de Sidi Boulkhalf foi criada em 16 de outubro de 1992, situa-se numa zona montanhosa e a sua população é oriunda das tribos Oueltana. Os seus limites geográficos são os seguintes

A sul, as duas comunas de Ait Tamlil e Ait Boualli,

A leste, as duas comunas de Ait Blal e Ouaoula,

A norte, o município de Ait Majden,

A oeste, o município de Tifni.

O município tem 4 Mashiakhats:

Mashiakhat Iouaridene,

Machiakhat Ait Ziad,

Machiakhat Ait Toutline,

Machiakhat Amalou.

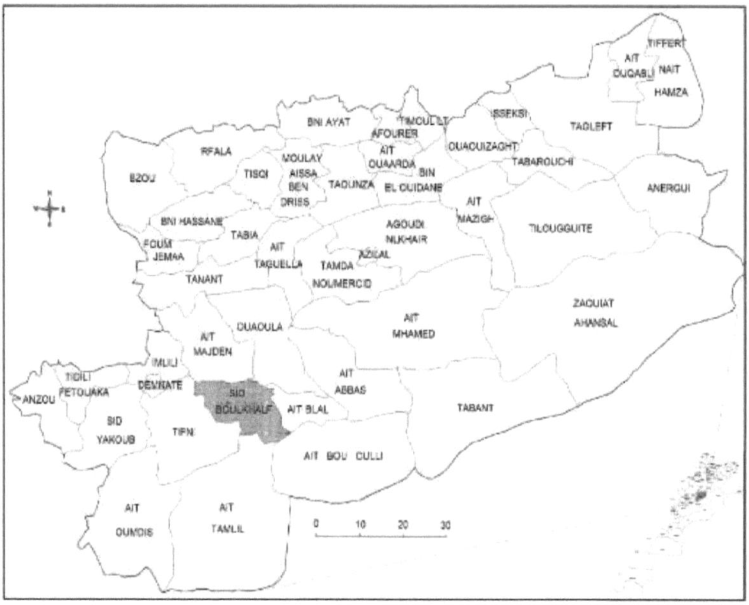

Figura 1: A situação дёпёга1е da comuna de sidi boulkhalf.

[2]Situada no sudoeste da província de Azilal, a comuna de Sidi Boulkhalf tem uma superfície de 167 km e caracteriza-se por uma topografia acidentada e fechada; é cortada pelo vale do Oued Ghazzef, bem como por outros pequenos wadis, como Arga N'Tarit, Ait Toutline, Immi n'ouaka e Zrite, e por uma dezena de nascentes de água. A comuna é atravessada por um troço da estrada nacional 302.

II - Potencialidades e constrangimentos da comuna

1 - Potencial humano, um trunfo importante para a comuna exposta a influências externas

O conhecimento das caraterísticas de uma população é de grande importância para os estudos que visam melhorar o nível de vida da população, a fim de determinar as suas diversas necessidades em diferentes domínios (alimentação, escolaridade, emprego, saúde, habitação, etc.). Por exemplo, a estrutura etária fornece informações sobre a composição demográfica de uma população e sobre a evolução das suas tendências e o seu significado. Fornece também informações valiosas para planear as necessidades da população em diferentes sectores socioeconómicos.

13149 habitantes em 2004

Trata-se de uma comuna de média dimensão do distrito de Demnate e de uma comuna de grande dimensão na província, com 2,6% da população total.

Quadro 1: Situação demográfica geral

RGPH 1982	RGPH 1994	RGPH 2004	Estimation 2013
8268	11174	13149	15964

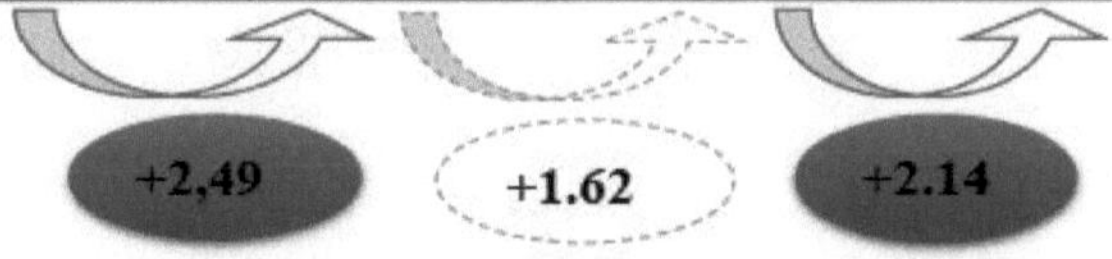

A comuna de Sidi Boulkhalf viu o seu crescimento líquido médio anual da população diminuir entre os períodos 1982-1994 e 1994-2004, passando de +2,49% para +1,62% e +2,14% em 2013. Esta situação pode ser explicada, por um lado, pelo fenómeno do êxodo rural e, por outro, pelos esforços de planeamento familiar. De facto, a taxa de crescimento natural de 3,99% para o período 1994/2004 é muito superior à taxa de crescimento líquido para o mesmo período, que é de apenas 1,62%, o que pode significar que o número de pessoas que saem do país é superior ao número de novas chegadas.

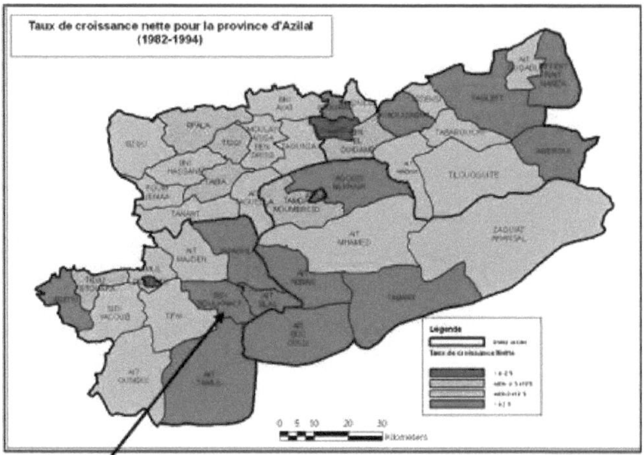

Figure 2 : taux de croissance nette pour la province d'Azilal (1982-1994) sur la base des données de RGPH 2004

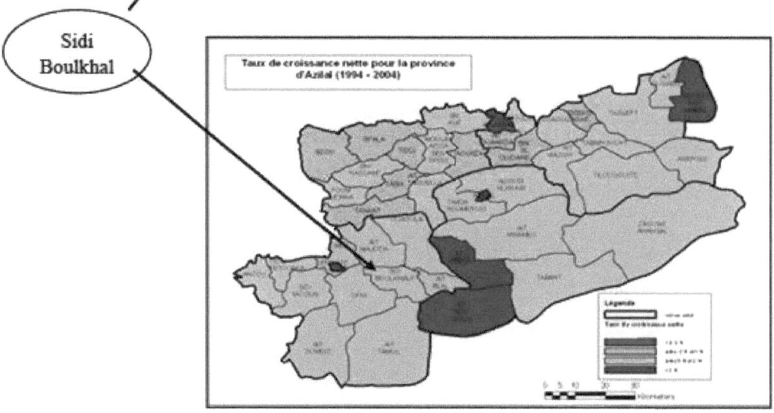

Figura 2: *Taxa de crescimento líquido para a província de Azilal (1982-1994) com base nos dados do RGPH 2004*

Figura 3: Taxa de crescimento líquido para a província de Azilal (1982-1994) com base nos dados do RGPH 2004

1 - 1 Distribuição da população no município

[2]A densidade populacional desta comuna era de 78,4 habitantes/km em 2004, superior à média nacional de 45 habitantes/km2 e à média provincial de 50,2 habitantes/km2.

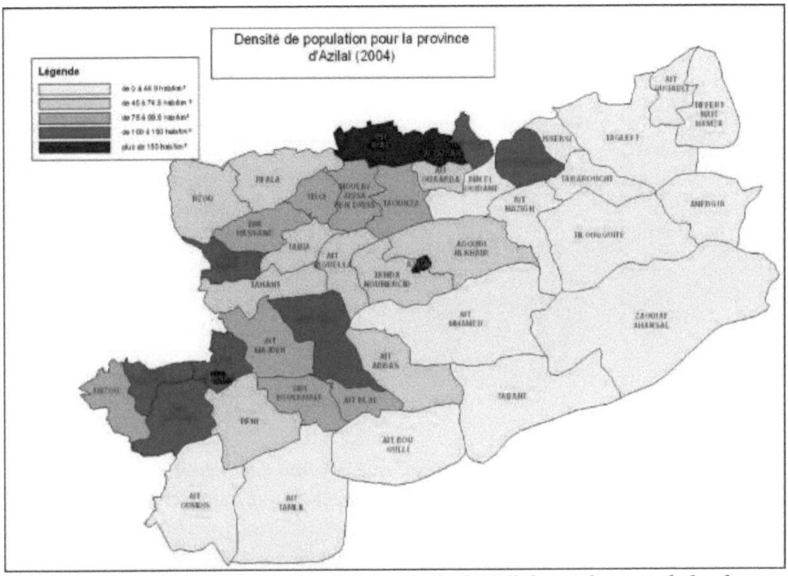

Figura 4: Mapa da densidade populacional da província de Azilal, com base em dados de RGPH 2004

O Recenseamento Geral da População e da Habitação efectuado em 2004 identificou 44 douars na comuna rural de sidi boulkhalf, estando 11% da população concentrada nos dois douars de Tangakhte (perto da estrada Ait Bllal-Iminifri) e Taghbaloute (centro administrativo da comuna, onde se encontra a maior parte das infra-estruturas básicas). Os douars que registaram as taxas de crescimento negativas mais elevadas foram: Ait Sigmine (-3,43%), Tagnite (-7,47%), Imzizoine (-7,17%), Ghobdade (-3,27%), Amalou (-2,34%) e Ilaguate (-2,14%) (douars situados na zona montanhosa, onde há falta de infra-estruturas de base).

Além disso, outros douars registam um aumento positivo da sua taxa de crescimento populacional, tais como: Oukta +7,16%, Ikhachene +6,53% (ambos os douars estão situados numa zona montanhosa remota, daí a falta de planeamento familiar e de gestão numa idade jovem), Tilsakhte +2,95% (douar perto da estrada).

1 - 2 Estrutura da população :

1-2-1-Distribuição por grupo etário e sexo em 2004 :

Quadro 2: ***Repartição dos dados por grupo etário e sexo do RGPH 2004***

Classes	Homens	Mulheres	Total	Percentagem de mulheres	Quota de cada classe
0-5	1123	1066	2189	48,6%	16,6%
6-14	1815	1612	3427	47%	26,6%
15-59	3244	3466	6710	51,6%	51%
60 anos ou mais	465	358	823	43,4%	0,6%

Total	6647	6502	13149	49,4%	23,7%

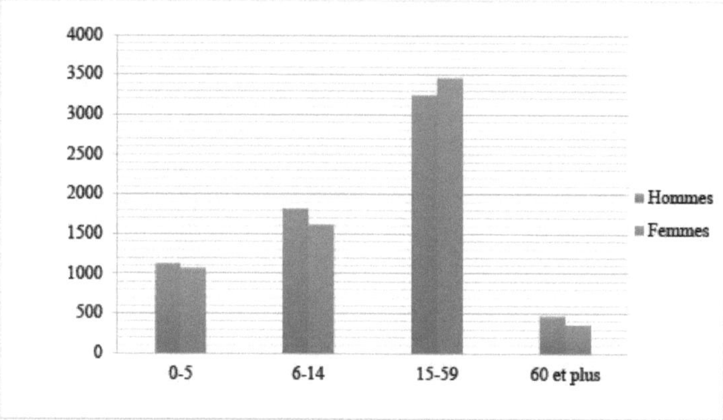

Figura 5: Grupos etários e de sexo, com base nos dados do RGPH 2004

Uma simples leitura do quadro mostra que a população ativa representa 51% da população total. 26,6% da população está em idade escolar.

1-2-2Taxa média anual de crescimento líquido entre 1994 e 2004 :

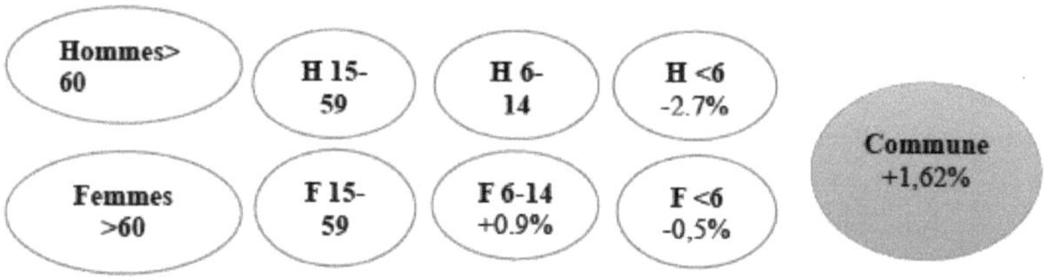

Esta repartição pode ser obtida a partir dos seguintes pressupostos:

Quadro 3: Pressupostos sobre a distribuição demográfica da população

M e F >60	Não emigrar, estabilidade pessoal
H 15-59	Emigração sazonal para as cidades para trabalhar (construção, sector informal, etc.)
F 15-59	Estabilidade pessoal
M e F 6-14	- Transição demográfica (à medida que o grupo etário com menos de 6 anos diminui, isso reflecte-se gradualmente no grupo seguinte de menores de 14 anos) - Impacto da emigração familiar, que afecta mais os filhos do que os pais, porque a emigração familiar afecta ambos os pais, por um lado, e 3 ou mais dos filhos, por outro. - Gestão tardia
M e F <6	-Transição demográfica (planeamento familiar escolhido pelas famílias para reduzir as despesas com os filhos num contexto de diminuição dos rendimentos agrícolas) - Gestão tardia

1-3 Fluxos migratórios

Quadro 4: Fluxos migratórios no município, com base nos dados da ARP Developpement 2009

FLUXOS MIGRATÓRIOS	EMIGRAÇÃO			
	INTERNO		ESTRANGEIRO	
	INDIVIDUAIS	FAMÍLIAS	INDIVIDUAIS	FAMÍLIAS
NÚMERO	**2543** Maioritariamente homens	**472**	**29**	**45**
QUEM É QUE É?	Jovens entre os 20 e os 35 anos (90% dos quais têm o ensino primário)	A maioria das famílias deixou os seus douars nos anos 80.	Jovens entre os 20 e os 35 anos	A maior parte dos emigrantes deixou os seus douars em 1973.
ONDE?	- Agadir : 984 - Casablanca: 643 - Marraquexe: 576 - Aba : 3 - Outros : 139	- Agadir: 120 - Outros: 174 - Demnate: 83 - Marraquexe: 20 - Casablanca: 17 - Aba : 3	- França :15 - Espanha: 7 - Itália: 7	- França: 40 - Espanha: 5
	92,5%		7,5%	
FACTORES	Diminuição dos rendimentos gerados pela atividade agrícola (nomeadamente devido às secas).		- Falta de ofertas de emprego locais - Serviços sociais básicos insuficientes	
	Inativo durante a estação seca. Isolamento de certos douars (Ikhachene, Oukta... Falta de ofertas de emprego locais. Os jovens já não podem trabalhar no sector agrícola.		- Fraco rendimento gerado pelas actividades locais	
PORQUÊ FAZER ISSO?	**À procura de trabalho:** - BTP : 1405 -Agricultura : 918 - Comércio : 10 - Outros : 40		- **À procura de emprego** - **Melhorias no estilo de vida** - **À procura de trabalho** em 1 agricultura, construção e comércio	
QUANDO?	Emigração de j eunes por toda a Гаппëе, regressando a cada dois ou três meses e em ocasiões religiosas, enviando uma quantia mensal que varia entre 250-300 Dhs para os familiares.		Os emigrantes individuais deixaram os douars em massa	Os imigrantes de Г dtran ger abandonaram definitivamente os douars e só regressam durante as férias de verão, vivendo a maior parte deles em

			Demnate.

De acordo com este quadro, cerca de 78% da população masculina ativa trabalha fora do país e cerca de 80% dos emigrantes têm o ensino básico e não têm formação profissional.
A maior parte desta emigração ocorre no interior do país (92,5%), sendo Agadir e Casablanca as cidades mais visadas.

2- A comuna de Sidi Boulkhalf possui um enorme potencial natural para o desenvolvimento local:

2 - 1 Recursos hídricos :

Do ponto de vista hidrológico, a área de estudo é constituída por uma bacia com um potencial hidráulico significativo.
A maior parte dos recursos hídricos desta comuna encontra-se no vale de Oued Ghazzef, bem como noutros pequenos wadis, como Arga N'Tarit, Ait Toutline, Immi n'ouaka e Zrite, e em cerca de dez nascentes. Estes recursos são utilizados pela população local para satisfazer as suas necessidades de água, para uso doméstico, abeberamento do gado e irrigação das terras agrícolas.

Foto 1: *Vista para nordeste. Terrenos irrigados situados 3 km a leste de douar Taghbaloute, centro da comuna de Sidi boulkhalf. A agricultura de regadio desenvolveu-se nas terras do fundo do vale de Ghazef. Estas terras são principalmente utilizadas para o cultivo de árvores de fruto (vinha, maçã e nozes), seguido de culturas forrageiras, principalmente luzerna.*

2 - 2 Uma atividade agrícola dominante sujeita a condicionalismos

2 - 2 O sector agrícola :

2 - 2 - 1 Condições ambientais :

Sidi Boulkhalf é uma comuna agro-pastoril, com uma população muito ligada à sua terra. Apesar das muitas dificuldades associadas à agricultura e à criação de gado - o relevo montanhoso é desfavorável à agricultura e predominam os solos pobres "Hrach" (70%), "Byad" (20%) e "Hamri" (10%) - estas são a atividade económica mais importante, permitindo a uma franja da população continuar a viver na zona.
A precipitação na comuna é irregular, variando entre 450 e 500 mm consoante a altitude. Nos douars de altitude elevada (mais de 1500 m), há neve durante 4 meses (dezembro-março).
Os recursos hídricos da comuna de Sidi Boulkhalf provêm geralmente do oued Ghazzef e das nascentes, que secam durante a estação das chuvas.

2 - 2 - 2 Terras e sua distribuição pelas explorações :

[12]As terras da comuna de Sidi Boulkhalf têm uma superfície total de 54 651 hectares ( ), dos quais 5 161 hectares (, 9,4%) de SAU, 11 273 hectares (20,6%) de floresta e 550 hectares (1%) de pastagens e terras não cultivadas. As culturas arvenses representam 87,19% da SAU, enquanto as terras irrigadas representam 767 hectares (14,8%) da SAU, dos quais 623 hectares com irrigação permanente e 144 hectares com irrigação sazonal.
Existem apenas parcelas Melk, que representam 83,03% da SAU, parcelas do Estado (16,84%) e algumas parcelas Habous (0,08%). A forma de posse mais dominante é a direta (98,4%), seguida do arrendamento em espécie (1,14%) e do aluguer (0,42%).

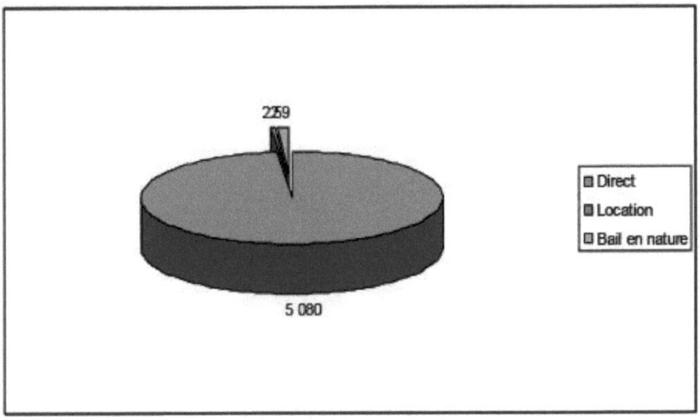

Figura 6: Posse da terra com base nos dados da monografia do município

Em 1996, a dimensão média da SAU por exploração era de cerca de 3,9 ha, em comparação com 4,1 ha a nível provincial, e a dimensão média das parcelas era de 0,3 ha. As explorações caracterizam-se pela fragmentação das parcelas, pela sua escassez devido ao imposto sucessório e pelo facto de não estarem registadas. O número de parcelas por exploração varia entre 10 e 20.

<u>*2 - 2 - 3 Outros factores de produção :*</u>

Existe uma mão de obra familiar permanente, que inclui também crianças em idade escolar (10 a 16 anos). Há falta de mão de obra agrícola devido à emigração de jovens que não querem trabalhar na agricultura.
Dado o relevo montanhoso da comuna e a fragmentação das parcelas, a maior parte do trabalho agrícola não é mecanizado, sendo a charrua utilizada para lavrar o solo, enquanto a colheita é sempre feita com uma foice ou à mão, exceto em certos casos em que as espigas são debulhadas com máquinas de debulhar alugadas no souk de Attawiya a 120 Dhs/hora.
De acordo com o RGA de 1996, a utilização de fertilizantes era elevada (87%), mas os agricultores declararam que esta utilização está a tornar-se baixa devido ao aumento do seu preço e à sucessão de anos de seca, embora utilizem estrume proveniente das actividades pecuárias. Além disso, existe um desconhecimento total da utilização de sementes selecionadas e de produtos fitofarmacêuticos (0% e 2% das explorações, respetivamente, em 1996, em comparação com 5% e 11% a nível provincial). A maior parte dos agricultores abastece-se no mercado de Demnate ou de colheitas anteriores.

---

1 [1] Monografia sobre o município

[2] RGA 1996

Foto 2: As seguias utilizadas para irrigação são muito vulneráveis e precisam de ser melhoradas e mantidas devido a constrangimentos climáticos e topográficos.

A irrigação é fornecida principalmente por seguias de wadis e nascentes, a maioria das quais não são amënagëes.

2 - 2 - 4 Técnicas de produção :

- I . itinerário técnico dos cërëales : A lavoura rasa começa em outubro nas zonas montanhosas de altitude média, e em janeiro nas zonas montanhosas de altitude elevada (queda de neve), é geralmente feita com um arado de tração animal e por sementeira para as parcelas inclinadas que não foram limpas; apenas o estrume animal (1,5 q/ha) é aplicado como fertilizante de base.

A sementeira é feita à mão a uma taxa de 1 quintal/ha, as sementes são trazidas do souk semanal a uma taxa de 3 dhs/kg, pelo que o custo da sementeira para um hectare é de 300 dhs; e a monda manual é feita durante o período de março-abril, a fim de utilizar estas gramíneas como alimento para o gado. Quanto à colheita, esta é efectuada manualmente a partir de abril, nas zonas montanhosas de altitude média, e em junho, nas zonas montanhosas de altitude elevada.

- Itinerário técnico das árvores de fruto: As árvores de fruto são principalmente oliveiras, amendoeiras, alfarrobeiras, macieiras, videiras e nogueiras:

- **Para a oliveira:** Os agricultores plantam plântulas de 15-20 cm simultaneamente com culturas cerealíferas, forrageiras e hortícolas; estas plântulas são compradas no mercado de Demnate. A utilização de fertilizantes químicos é reduzida ao mínimo; os fertilizantes tradicionais à base de estrume são amplamente utilizados. As oliveiras são atacadas por várias pragas, como os psilídeos, embora não seja aplicado qualquer tratamento fitossanitário, e a colheita começa em dezembro.
- **As amendoeiras e as alfarrobeiras são** semeadas com sementes enterradas a 2-3 cm de

profundidade, provenientes de colheitas anteriores, mas não são aplicadas adubações nem tratamentos fitossanitários a estas duas culturas, devido ao custo elevado dos produtos fitossanitários e à falta de apoio técnico aos agricultores. Não é efectuada qualquer manutenção nestas árvores e a colheita manual começa em dezembro.

- **Para a nogueira:** semear as sementes a 4-5 cm de profundidade em setembro; transplantar as árvores com 3 anos de idade e 1,5 m de comprimento em torrões; aplicar 1,5 kg de estrume animal por árvore no primeiro ano de plantação; as árvores não precisam de ser podadas. A colheita é efectuada em julho.
- **No que diz respeito à macieira:** não é podada, sabendo que não são aplicados tratamentos fitossanitários e, além disso, a colheita tem lugar em setembro-outubro.
- **Para a vinha:** A plantação é feita a partir de estacas (10-15 cm de comprimento) retiradas de plantações anteriores em março. Não se aplicam tratamentos fitossanitários nem fertilizantes e a colheita é feita a partir de setembro.

2 - 2 - 5 Rotação das culturas e desempenho técnico

As culturas cerealíferas dominam (4 475 hectares), constituindo 86% da SAU, com a cevada (utilizada para alimentação animal) a dominar a produção de cereais, seguida do trigo duro e do trigo mole. A produção de cereais varia de ano para ano em função da pluviosidade. Esta cultura é diretamente afetada pelos riscos climáticos. Por exemplo, o rendimento médio da época 2006-2007 foi de 15 quintais, mas desceu para 3 quintais na época seguinte.

A arboricultura é dominada pelas nogueiras e amendoeiras. A alfarroba, a maçã, a vinha e a oliveira são igualmente cultivadas nas zonas montanhosas, e os cereais são sempre cultivados juntamente com as árvores de fruto.

[3]A cultura da oliveira assenta na variedade "picholine marroquina3 ", que se encontra em plena expansão nos douares de montanha de média altitude, devido ao seu baixo custo de produção e à sua adaptação às condições da zona, nomeadamente a sua rusticidade e a sua reduzida necessidade de manutenção. A superfície consagrada à cultura da alfarroba, da nogueira e da amendoeira aumentou nos últimos anos, o que se explica pelo rendimento que proporcionam aos agricultores. Mas o problema das geadas anuais durante 4 meses (dezembro-março) está a prejudicar gravemente o rendimento das culturas. Para além das inundações de Oued Ghazef, que causam danos às culturas vizinhas.

A produção das árvores de fruto varia em função da idade da árvore e é resumida no quadro seguinte

Quadro 5: **Rendimento das árvores de fruto, com base nos dados de uma entrevista com um técnico do CTA de Demnate**

Especulação	Anos de produção	desempenho
Amendoeira	3ª 15º aniversário 20eme	0,25 kg/árvore 6 a 8 kg/árvore 1 kg/árvore
Olivier	^eme 10ª	0,25- 0,5 kg/árvore 20- 30 Kgs/árvore
	120ª	1 kg/árvore
Alfarroba	5º ano	40 a 50 Kgs/árvore
Videira	eme4 anos	10-15 Kgs/árvore
Macieira	1º ano	0,5 kg/árvore

[3] Entrevista com um técnico do centro de controlo aéreo de Demnate

	4º ano 6º ano 10º ano	4-5 Kgs/árvore 20 Kgs/árvore 150 Kgs/árvore
Noz	Ano 12 30º ano	3-4 Kgs/árvore 80 Kgs/árvore

O sector rega:

O sector da irrigação tradicional (pequenas e médias centrais hidroeléctricas) cobre uma superfície de 767 hectares, dos quais 623 hectares de águas perenes e 144 hectares de águas sazonais. Este sector é composto por três áreas:

- Tamguert: 502 Ha
- Ait Toutline: 85 Ha
- Immi Nouaka: 120 Ha.
- Ikhachane: 60ha.

Nestes perímetros de PMH, a fruticultura surge em primeiro lugar, com 460,20 ha, seguida das culturas forrageiras (230,10 ha), principalmente luzerna e, em menor escala, milho, cereais: cevada e trigo duro (115,05 ha), horticultura (28,76 ha). E as leguminosas: forragens e ervilhas (23,01 ha).

É igualmente de salientar que todos os produtos agrícolas são utilizados principalmente para consumo próprio, com exceção das vinhas, alfarrobeiras, macieiras, amendoeiras e nogueiras, que são vendidas.

As nogueiras são vendidas a comerciantes de Marraquexe a 50 dhs/Kg e alguns agricultores vendem-nas dëcortiquë no souk de Demnate a 70-100 dhs/Kg. As amendoeiras são vendidas dëcortiquë entre 40 e 150 dhs/Kg.

As macieiras são vendidas a comerciantes de Merrakech a um preço médio de 5-10 Dhs por kg ou no souk de Demnate a um preço de 7-15 Dhs por kg.

O Caroubier é vendido no souk de Demnate a um preço entre 5 e 10 dhs/Kg. A vinha é também vendida na árvore a comerciantes de Marraquexe a um preço entre 6 e 10 dhs/Kg.

Quando a produção é elevada, as azeitonas são vendidas a 6-10 dhs/Kg no souk de Demnate. Na maior parte dos casos, as azeitonas são esmagadas para extração do azeite nas maasras tradicionais, sendo o pagamento efectuado de duas formas: ou a 0,70 dhs/Kg de azeitona, ou descontando um décimo da quantidade de azeite obtida. O azeite destina-se principalmente ao auto-consumo. Durante os períodos de grande produção de vinha e maçã, faltam instalações de armazenamento adequadas para o acondicionamento dos produtos agrícolas.

Quadro 6: Número de cabeças de gado na comuna de Sidi Boulkhalf, com base nos dados do serviço veterinário do DPA de Azilal, 1996.

Ano	Gado	Ovinos	Cabras
1996	2.181	8398	11478
Estimativa 2013	1600	6.000	5000
Taxa de crescimento	-40%	-36%	-60%

Uma simples leitura deste quadro mostra uma queda muito acentuada dos efectivos entre 1996 e 2013, de 36% para os ovinos, 40% para os bovinos e 60% para os caprinos. Este facto pode dever-se à venda de gado devido à falta de áreas de pastagem e ao aumento dos preços dos alimentos para animais.

A raça bovina é cruzada (local*Holstein); é utilizada principalmente para a produção de leite para consumo próprio. A raça ovina é cruzada (local*Sardi); os caprinos são uma raça local,

2 - 2 - 6 Sistemas técnicos de reprodução

Os bovinos são sempre mantidos em estábulos, especialmente nas imediações, e as cabras pastam na floresta, no estrato herbáceo, durante todo o ano, exceto durante a queda de neve, por um período de 4 meses (dezembro-março), em que são utilizados ramos de árvores e arbustos como alimento. Os bovinos e os ovinos são alimentados durante o período de outubro-abril, principalmente com farelo, cevada, palha, luzerna e forragem de milho. Os ovinos também pastam em pousios, pastagens ou nos limites das parcelas durante o período de maio-agosto.

2 - 2 - 7 Gestão da água e das pastagens

A irregularidade da precipitação tem grande influência nas áreas disponíveis para pastagem e nos locais de abeberamento natural, sendo os rebanhos abeberados quer a partir das seguias, quer a partir de águas de nascente.

Em caso de doença do gado, os agricultores são responsáveis pelos custos de tratamento do seu gado. Têm de viajar até Demnate e visitar os vëtërinaries durante as campanhas de vacinação, que se realizam 1-2 vezes por ano em abril e setembro.

2 - 2 - 8 Análise a montante/jusante dos sectores de produção

Os obstáculos ao desenvolvimento da criação de gado estão principalmente relacionados com a alimentação das cabras, o período de vazio sanitário (outubro a fevereiro) é difícil, dada a sua dependência de pastagens florestais muito pobres durante este período, a redução dos recursos pastoris nas pastagens e nas florestas, na sequência da sucessão de anos de seca e de sobrematuração, bem como a ausência de pontos de venda de leite devido à dificuldade de acesso aos douars e ao seu afastamento, a falta de estrutura do sector (poucas organizações profissionais), a falta de mão de obra para cuidar dos rebanhos, sobretudo caprinos, o que é feito nas pastagens florestais, a mão de obra familiar para esta atividade é cada vez mais escassa (ëcole ou ëmigração dos jovens para as cidades) e a falta de pastagens nos douares de montanha.

2 - 3 Recursos florestais degradados

A riqueza dos recursos hídricos e a existência de um terreno acidentado deram origem a uma vëgëtação variada com uma cobertura florestal significativa,

A área florestal que ocupa uma grande área, da qual a floresta representa 11 273 Ha ou 20,6%, a área agrícola representa 5161 Ha ou 9,4%, no entanto, conhece uma exploração maciça da população vizinha que leva à dëgradação pei'iretueile património florestal cuja racesste para considerar intervenções para salvaguardar a riqueza йм^йёге.

Esta zona desempenha uma série de funções económicas, sociais e ecológicas. Muitos habitantes locais utilizam-na para criar cabras.

Sidi Boulkhalf é uma comuna com um potencial florestal muito significativo (11273ha). No entanto, este potencial é largamente sobreexplorado: a exploração da madeira e o sobrepovoamento conduzem à degradação do recurso e ao risco de erosão. A gestão destes espaços vitais para o município deve ser reestruturada e repensada entre os diferentes actores.

Esta primeira orientação apela, portanto, a uma reflexão concertada sobre a melhor forma de gerir os recursos silvo-pastoris. Poderão ser definidas medidas activas tanto em termos de proteção como de reflorestação, de definição de um quadro de gestão e de promoção de soluções alternativas à lenha ou à alimentação do gado.

[3]***Foto 3:** A sobre-exploração dos recursos lenhosos para satisfazer a procura de energia tradicional constitui uma ameaça importante para os recursos florestais, que já estão a crescer a um ritmo anual baixo (estimado em 0,16 m /ha/ano). Assim, o coberto vegetal de muitas zonas é transformado todos os anos em madeira e carvão vegetal, deixando as terras nuas expostas a todas as formas de erosão.*

2 - 4 O sítio turístico de Iouariden: um património excecional a proteger e a valorizar

Em termos de turismo, a comuna de Sidi Boukhlaef tem um enorme potencial para se tornar um pólo de atração turística. Caracteriza-se por um ambiente natural contrastante e variado, valorizado pela existência de um património natural que é um dos orgulhos dos seus habitantes e um trunfo específico. As montanhas e as planícies que delimitam a comuna são duas paisagens que têm uma grande influência no turismo.

Pegadas de dinossauro

A bacia de Iouariden é famosa pelas numerosas pegadas de dinossauros impressas nos sedimentos detríticos vermelhos conhecidos como "Gres Guettioua" ou camadas vermelhas de Dogger. As pegadas de dinossáurios estão localizadas em argilas vermelhas com figuras de dessecação, indicando um ambiente continental lagunar ou sebkhaico com emersão temporária.

A região de iouariden inclui três grandes sítios de pegadas de dinossauros:

- Iroutlane-Iwariden
- Ait Mimoun Ufellah
- Jebel Bruna

Existem três tipos de pegadas representadas por diversas formas. As pegadas grandes e ovais são as de um dinossauro herbívoro, grande e pesado, com o nome científico de Breviparopus taghbaloutensis, o género é Breviparopus, a espécie é Taghbaloutensis; este último nome provém da pequena aldeia onde se encontram estas pegadas, chamada taghbaloute, que significa nascente em Tamazight. O outro dinossauro é um tridáctilo (três dedos), as suas pegadas assemelham-se a patas de aves e é um carnívoro, (Jacques Gandini).

Foto 4: As pegadas de dinossauros impressas em sedimentos detríticos vermelhos oferecem um enorme potencial turístico.

Estado de conservação:

As pegadas de dinossauro de Iouaridenes encontram-se em mau estado de conservação e estão a mudar devido à sua exposição a uma multiplicidade de factores prejudiciais:

J factores atmosféricos: chuva, insolação, vento, hidrólise, geada e oscilações térmicas (a água infiltra-se nas fissuras e poros da rocha. Ao congelar, o volume aumenta, levando à fragmentação da rocha);

J Factores biológicos: as raízes crescem e aumentam nas fendas, levando à dësagrëgation das rochas. As visitas dos turistas despertam o interesse da população local, que utiliza estes depósitos como locais de encontro, levando à dëtërioration.

3- A comuna de Sidi Boulkhalf está sujeita a um certo número de condicionalismos que devem ser tidos em conta no projeto de desenvolvimento da comuna

3-1 Recursos humanos ameaçados pela imigração

A análise demográfica mostrou-nos que, apesar da existência de uma população jovem e ativa que constitui uma reserva de força de vida de 51% da população total, a comuna ainda não está protegida devido a vários constrangimentos, uma vez que 78% da população masculina ativa emigra temporariamente e as transferências de dinheiro feitas pelos jovens migrantes para as suas famílias são mínimas, pelo que a comuna está a perder a sua reserva de força de vida.É certo que os pequenos douars isolados correm o risco de uma forte regressão; e o estreitamento da fração de idade inferior a 6 anos, razão pela qual a mão de obra local e agrícola é cada vez mais rara.

3-2 Condicionalismos ligados às condições e caraterísticas do meio físico

Devido à sua natureza montanhosa, o sítio em que está implantada a comuna de Sidi Boulkhalf apresenta um certo número de condicionalismos que devem imperativamente ser tomados em consideração em qualquer operação ou plano de desenvolvimento da comuna em causa. Estes condicionalismos são, nomeadamente

3-2-1 uma topografia irregular que influencia a futura extensão da faglomeraçãog

A topografia da comuna de Sidi Boulkhalf é acidentada e pode, por conseguinte, constituir um constrangimento grave e um fator incontornável a ter em conta no desenvolvimento e na futura expansão da zona urbana.

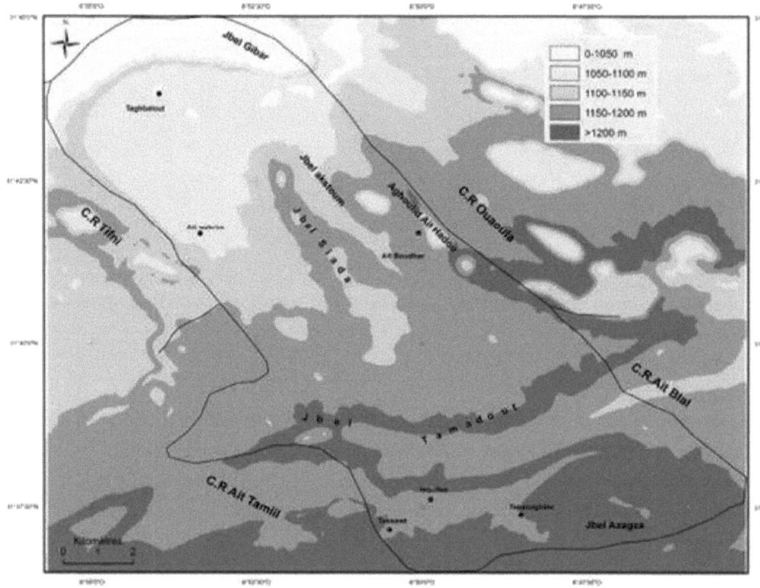

Figura 7: mapa do relevo da comuna de sidi boulkhalf que mostra que a zona é montanhosa por excelência.

Foto 5: No douar Isquifen (A) e no douar Irohan (B), declives acentuados e risco ***de deslizamento de terras***.

Apesar da presença de importantes recursos florestais e da existência de importantes recursos hídricos superficiais potenciais (oued Ghazefe), para além da presença de nascentes, a comuna de Sidi Boulkhalf sofre ainda de vários constrangimentos que dificultam o seu desenvolvimento. Um relevo montanhoso desfavorável à agricultura e a predominância de solos pobres (60% SAU Hamri, 20%SAU Biad e 20%SAU Harch), bem como o problema das geadas anuais durante um período de 4 meses (dezembro-março), prejudicam gravemente os rendimentos agrícolas.

A queda de neve durante 4 meses (dezembro-março) isola os douares de montanha a grande altitude durante este período. Além disso, o estatuto jurídico dos terrenos para construção através do processo de sucessão e de herança conduz a uma falta de controlo sobre os terrenos.

3-2-2 CURSOS DE ÁGUA E BACIA HIDROGRÁFICA :

Os cursos de água e as chaabas podem constituir uma fonte de perigo, nomeadamente em períodos de grandes cheias, uma vez que podem transportar quantidades de água e outros materiais susceptíveis de provocar inundações, cuja dimensão e alcance são difíceis de avaliar, especialmente nestes tempos de alterações climáticas. É por isso que é necessário prestar especial atenção ao desenvolvimento das zonas próximas dos cursos de água e das chaabas, a fim de prevenir o risco de inundação a que podem estar expostas.

3-3 condicionalismos das instalações e infra-estruturas de base

As infra-estruturas de base constituem a base de todo o desenvolvimento local nas zonas rurais. Estas infra-estruturas facilitam a criação de equipamentos sociais, de habitação, de comércio e de indústria. A falta ou a insuficiência destas infra-estruturas nas zonas rurais atrasa o processo de desenvolvimento e favorece o êxodo rural para outros centros e cidades mais bem equipados. A comuna de Sidi Boulkhalf sofre de uma falta gritante de infra-estruturas de base, o que constitui um verdadeiro obstáculo ao seu desenvolvimento.

3-3-1 Saneamento:

Os esforços envidados no âmbito do programa de ligação de toda a população da comuna a um abastecimento de água potável em 2012 pelo ONEP a partir da barragem de Hassan I, e a mobilização das associações de gestão da água potável, não satisfazem plenamente as ambições desejadas, Na ausência de uma rede colectiva de esgotos líquidos, a maioria da população da comuna utiliza como meio de evacuação as fossas sépticas ou as fossas, ou então os resíduos são eliminados ao ar livre. Esta situação tem consequências graves para a qualidade de vida da população e para o ambiente (poluição das águas subterrâneas). A inexistência de um plano de ordenamento da comuna e a inexistência de uma rede de esgotos são factores que contribuem para a poluição das águas subterrâneas.

A comuna de Sidi Boulkhalf necessita de um sistema de drenagem de líquidos e de sólidos. No entanto, os recursos financeiros da comuna são demasiado fracos para permitir o financiamento deste grande projeto. No que diz respeito ao saneamento sólido, convém salientar que os resíduos domésticos são recolhidos pela própria população, uma vez que o centro de Sidi Boulkhalf não dispõe de um sistema de saneamento sólido. Por conseguinte, os resíduos domésticos são frequentemente depositados em terrenos baldios (como mostram as fotografias).

Foto 6: Os resíduos domésticos são eliminados a céu aberto, o que tem um impacto na poluição do

ar e no lençol freático.

3-3-2: escolaridade

Ninguém pode negar que o desenvolvimento de cada país e de cada nação depende da qualidade da sua educação, ou seja, de uma educação eficaz e diversificada que responda às expectativas dos planeadores e dos decisores, bem como às necessidades dos alunos que serão os gestores de amanhã. Este objetivo só pode ser alcançado se tivermos uma equação em que o lado esquerdo é o aluno e o professor, e o lado direito é a plataforma necessária para assegurar a continuidade desta relação. Nas zonas rurais, a situação da educação só pode ser descrita como precária, dado o considerável atraso do sistema, apesar dos esforços desenvolvidos a todos os níveis.

a - Educação pré-escolar: Não existem experiências de educação pré-escolar na comuna, mas os professores da comuna estão plenamente conscientes da importância da educação pré-escolar na continuação do ensino primário e vêem a necessidade de sensibilizar as associações e os pais para a utilização desta educação.

b- Escola corânica: A escola corânica tem sido o principal ëtaЬlissement há vários anos, ajudando a combater o analfabetismo, em particular a escola que foi criada em douar Tighaduine, autorizada pelo ministério Habous em 2008, com um total de 60 alunos de comunas vizinhas, atendidos pelos habitantes do douar. Além disso, com a presença de um outro ë^к coranique com o local do marabu Sidi Boulkhalf, o total dos bënëficiaires é de 40 ëlëves. Há também falta de alojamento para o número de alunos da escola corânica Tighaduine douar.

c. Ensino primário

A comuna tem 3 grupos escolares e 13 anexos escolares, com todos os douars dentro da zona de cobertura de 2 km. As crianças dos douars montanhosos têm dificuldade em aceder às instalações escolares, principalmente devido à falta de caminhos melhorados, às inundações dos wadi4 em alguns douars e às inundações dos wadi noutros5.

Quase todas as crianças têm acesso fácil ao serviço de educação (1 km), exceto no caso das crianças de douars montanhosos, devido à falta de caminhos melhorados e à inundação de wadis e ravinas durante a estação das chuvas, o que tem um impacto na qualidade da aprendizagem das crianças.

Em termos de infra-estruturas, 13/16 escolas dispõem de alojamentos para professores, a maioria dos quais são micro-satélites. A falta de vedação em algumas escolas centrais e alguns anexos escolares e de vigilantes é um dos principais factores do mau estado das instalações e infra-estruturas escolares, como é o caso de algumas infra-estruturas escolares.[7] [8] [9]

O absentismo ou atraso dos professores é particularmente problemático nos douars montanhosos devido à falta de acesso a estes douars durante o período de inverno (dezembro-março), à inadequação ou mau estado dos alojamentos dos professores, à ausência de caminhos melhorados nestes douars e à falta de transportes do centro urbano de Demnate para os douars. Consequentemente, o trabalho nos campos durante o período das colheitas, bem como a presença de neve entre dezembro e março, especialmente nos douars da fração de Ait Toutline, provocam o absentismo dos alunos e a falta de trabalho extra-curricular.

---

[7] Ghobdade, Irouhane, Ilagaute, Tafraout e Amalou,

[8] Aghri, Tizi e Tagnite.

[9] Escola central de Ikiss, anexo de Ikhachene, anexo de Tirika,

A não adaptação dos programas escolares ao nível dos alunos e ao contexto rural, bem como a irregularidade das visitas dos inspectores, que tem um impacto negativo na qualidade do serviço educativo. Para além da ausência de um orçamento anual específico para o desenvolvimento e a manutenção das infra-estruturas e dos equipamentos escolares. Consequentemente, a qualidade do serviço educativo é mediana ou mesmo deficiente, nomeadamente devido à sobrelotação ou às turmas com vários anos de escolaridade, ao absentismo dos professores e às infra-estruturas escolares mal equipadas.

Estes problemas levam também ao abandono escolar das crianças e ao facto de os pais optarem por não enviar as suas filhas à escola.

d. Ensino secundário: A comuna não dispõe de escola secundária. A distância de todos os douars à escola secundária de Demnate (12 a 50 km) constitui um obstáculo à escolarização, nomeadamente das raparigas. Além disso, apesar da presença de Dar Taliba e do internato de Demnate, a maior parte das raparigas dos douars da comuna não beneficiam deles, dada a capacidade limitada deste Dar Taliba, que se destina a todas as raparigas das zonas rurais do Cercle de Demnate.

Embora o baixo rendimento dos pais para assegurar as despesas relacionadas com a escolaridade e a ausência de transportes escolares e a utilização diária de transportes clandestinos pelos alunos para se deslocarem ao colégio pagando em média 20 Dhs/dia, exceto no caso dos alunos provenientes dos douars da Fração Ait Toutline cuja maioria não prossegue os seus estudos no colégio devido ao estado defeituoso das vias, para além do afastamento destes douars, leva ao aumento da taxa de desescolarização,Além disso, o facto de a bolsa não ter sido generalizada para os alunos que passaram do ensino primário para o secundário, a capacidade limitada de Dar Taliba em Demnate e a falta de transportes escolares entre a comuna e Demnate tiveram como consequência a redução do número de crianças que prosseguem os seus estudos no ensino secundário, em particular as raparigas.

Até à data, não existem aulas de alfabetização no município. O programa de alfabetização para adultos cessou devido à falta de atratividade destes programas para os cidadãos, bem como aos baixos subsídios oferecidos aos formadores e à falta de pessoal formado para gerir estes programas.

[10]No que diz respeito à dinâmica das associações no sector da educação, existem apenas 3 associações de pais7 que não funcionam. Estas associações realizam, nomeadamente, acções de melhoria nas escolas, com pouca participação dos pais nas escolas centrais e nas escolas auxiliares, devido à falta de sensibilização e de reforço das capacidades destas associações para as consciencializar do seu papel na melhoria da qualidade do ensino.

A ausência de associações de pais tem um impacto negativo na qualidade do ensino, razão pela qual é necessário fazer mais em termos de comunicação para gerar mais interesse no desenvolvimento da escola.

3-3-3 Saúde :

No conjunto da comuna, as estruturas sanitárias limitam-se a um centro de saúde comunal em douar Taghbaloute (com um médico e dois enfermeiros). E um dispensário em douar Irohane (com apenas uma enfermeira).

O centro de saúde do douar de Taghbaloute é composto por um médico de clínica geral assistido por duas enfermeiras, para os habitantes do centro e dos douars. Para cuidados mais

[10] Associação de Pais da Escola Central de Ikiss, Associação de Pais da Escola Central de Louaridene e Associação de Pais da Escola Central de Azlague.

exigentes, as pessoas têm de se deslocar a Demnate, nomeadamente quando se trata de partos, pelo que o dispensário não é apoiado por uma farmácia e não dispõe da logística necessária.
O quadro seguinte ilustra a precariedade das infra-estruturas sanitárias e a desigualdade entre os centros de saúde e o mapa demográfico.

***Quadro** 7*: **Cobertura sanitária com base nos dados da Delegação Provincial de Saúde, 2012**

Distância entre as douars e a unidade de saúde	Percentagem da população em causa
Menos de 3 Km	14,02%
Entre 3 e 6 Km	11,35%
6 a 10 Km	15,65%
+10 Km	58,88%

Esta disparidade de cobertura sanitária levou-nos a concentrar-nos nas principais lacunas, como o facto de apenas 68/44 douars se situarem na zona de cobertura de 3 km. [11]A população de certos douars9 da comuna vizinha de Ait Tamlil dirige-se ao dispensário de Ait Toutline para ser tratada, tal como a população dos douars da fração Karouele da comuna de Ait Majden, que se dirige ao centro de saúde de Louaridene para ser tratada. A maioria dos douars é de difícil acesso, devido ao afastamento e à falta de transportes, bem como às estradas que não são transitáveis e às inundações dos wadi durante a estação das chuvas nos douars montanhosos.
A falta de recursos humanos (apenas 1 médico e 2 enfermeiros) é um dos principais obstáculos à melhoria dos serviços de saúde, pelo que as mulheres dos douars de montanha têm de dar à luz nas suas casas, devido à falta de transportes e à inexistência de um centro de parto no centro de saúde de Sidi Boulkhalf, utilizando plantas aromáticas e medicinais como tratamento. E, em caso de complicações, o parto é efectuado no hospital de Demnate, Kelaa Sraghna ou Azilal. Esta situação levou a um aumento do número de mulheres que morrem durante o parto em casa ou a caminho do hospital de Demnate, especialmente nos douars da fração de Ait Ziad, devido ao mau estado das vias e ao afastamento da zona.
Em conclusão, as infra-estruturas sanitárias existentes estão longe de corresponder ao peso demográfico do município e há falta de equipamento sanitário necessário (paramédicos, ambulâncias, etc.).
Há 2 a 3 parteiras tradicionais por douar, que trabalham frequentemente em condições sanitárias críticas que podem ameaçar a saúde das mães e dos recém-nascidos.
É também de salientar que algumas pessoas recorrem à medicina tradicional.

3-3-4: Rede rodoviária :

A rede rodoviária da comuna de Sidi Boulkhalf é ainda muito modesta e insignificante, o que tem um impacto negativo na distribuição de produtos e mercadorias e na circulação de pessoas, nomeadamente durante as cheias e o inverno.
O diagnóstico revelou que a rede rodoviária continua pouco desenvolvida, com todas as vias sem melhoramentos e com condições de circulação más a muito más, e quase 30% delas intransitáveis durante os meses de inverno, deixando as populações e as zonas que servem completamente isoladas.

[8] Imzizoine, Ait Sigmine, Tialaouine, Irotane, Tangakhte e Timdugha.
[11] Ait Saaid, Igourdane, Imarkassene e Imazayan.

Esta situação traduziu-se num défice notável em termos de acesso entre os douars, não existindo acesso a todos os principais itinerários da cidade principal para outros douars.

<u>Quadro 8</u>: Estado da rede rodoviária da comuna de Sidi Boulkhalf, com base nos dados da Delegação Provincial do Equipamento e dos Transportes

Classificação das estradas	**Registo**	**Ligação**	**Tipo**	**Condições das estradas**	**linear**
Estradas Rëgionales	RR302	Imminifri- comuna de Ait Bllal	estrada asfaltada	bom	20 km
Estradas locais	9 faixas	ligação de Oued Ghzefe à fração de Ait Toutline (Ihoujine, Azlague, Tizi, Imaghnasse e Tilsekhte)	pista preparada	mau, especialmente durante a estação das chuvas	30 Km
		ligações entre a RR302 e Douars Ikhachene, Oukta, Aghri, Ait Yahya, Ait Ouakrim, Amzaourou e Ilaguate	pista preparada	mau, especialmente durante a estação das chuvas	12 Km
		ligações entre douar Amalou e douar Hdafa	pista preparada	mau, especialmente durante a estação das chuvas	5 Km
		ligações entre douar Ifrougane e douar Azlague	pista preparada	mau, especialmente durante a estação das chuvas	5 Km
		ligações entre Tilsekhte e Imaghnasse douars	pista preparada	mau	5 Km
		ligações entre douars Ait Boudhar e ghobdade	pista preparada	mau	4 Km
		ligações entre douars Ikiss e Ait Aadi	pista preparada	mau	4 Km
		linksentredouars Isquifane, Taghadjorte, Tabahannate, Timzughine	pista preparada	mau	4 Km
		ligações entre os douars de Imzizoine e Igouzoulne	pista preparada	mau	2 Km

(Azilal)

De acordo com este quadro, a rede rodoviária está pouco desenvolvida nesta comuna: apenas uma estrada provincial atravessa a comuna; apenas alguns douars (3/44) estão próximos da estrada (Taghbaloute, Tighaduine e Ait Sigmine); os outros douars são acessíveis por caminhos que se encontram frequentemente em mau estado, especialmente durante a estação das chuvas.

Foto 7: Vista para leste. A estrada regional 302, que liga a comuna de Sidi boulkhalf à comuna de Ait Blal, está toda esburacada devido à extrema vulnerabilidade do terreno às escorrências e às quedas de pedras.

3-3-5 Falta de instalações socioculturais e desportivas

Em termos de desenvolvimento, os equipamentos sociocomunitários desempenham um papel fundamental na estabilização da população local e na melhoria do seu nível de vida, em especial das pessoas vulneráveis ou com condições económicas modestas. Assim, a educação, a formação, a saúde e as necessidades socioculturais devem ser constantemente integradas em qualquer estratégia de desenvolvimento.

As infra-estruturas nesta zona são manifestamente inexistentes, com o Sidi Boulkhalf não dispõe de equipamentos sociais, culturais, desportivos ou de serviços.

Conclusão:

O município de Sidi Boulkhalf apresenta deficiências significativas em termos de infra-estruturas de base, incluindo água potável, eletrificação, saneamento, saúde e rede rodoviária.

A falta relativa de equipamentos de base (educação, saúde, desporto) é mais qualitativa do que quantitativa (falta de pessoal e de equipamento, falta de alojamento para o pessoal, etc.).

O centro deve colmatar o seu défice de equipamentos de base para poder responder às novas necessidades que a sua futura expansão irá gerar. Por outras palavras, trata-se de ter em conta tanto as necessidades actuais da população como as exigidas pelo desenvolvimento futuro da aglomeração. A combinação destes dois níveis de necessidades é essencial para que a localidade possa aumentar a sua atratividade e competitividade e melhorar a sua posição no seu ambiente imediato.

Em suma, os equipamentos básicos ainda estão aquém da média necessária para elevar o município a um patamar com todas as qualidades necessárias para proporcionar um ambiente de vida digno e decente. Por outras palavras, o défice de que padece este município exige uma ação mais consistente que impulsione o dinamismo de que dá mostras. Esta ação deve reunir cidadãos e eleitos numa abordagem participativa que vise envolver os cidadãos nas decisões estratégicas, aplicando os princípios da governança.

Capítulo III

Um território território, centrado na valorização do

e do património cultural

Introdução :

O objetivo deste capítulo é apresentar uma proposta de projeto concreto para a comuna de sidi boulkhalf. Com base nos diagnósticos estabelecidos anteriormente, o objetivo é formular uma ou várias propostas de projeto de ecoturismo e de revitalização para esta comuna, com base nas suas carências e insuficiências, mas também nos seus numerosos trunfos. O projeto formulado para a comuna baseia-se no potencial humano, cultural e paisagístico da zona de estudo, mas também no seu declínio e na sua falta de infra-estruturas. O projeto define igualmente as medidas de apoio a tomar, com base na experiência adquirida até à data e em projectos de referência.

É evidente que um projeto que responda às expectativas da população tem muito mais probabilidades de ser aceite do que um que apenas satisfaça a racionalidade dos promotores.

É feita uma distinção entre projectos de interesse geral, que requerem uma participação por um período de tempo limitado.

Com efeito, se o apelo à participação persistir, haverá desinteresse e reticências, nomeadamente no que se refere ao investimento humano; por outro lado, os projectos em que os parceiros podem retirar benefícios individuais são mais participativos do que aqueles em que os benefícios devem ser partilhados; depois, há os projectos provocados ou suscitados, que são mais interessantes para a participação do que os impostos. Isto porque os projectos induzidos, uma vez enraizados, deixam suficiente iniciativa às pessoas envolvidas; e, finalmente, os projectos que produzem efeitos a curto prazo em comparação com os que só os produzem a médio ou longo prazo, uma vez que estes últimos requerem um sistema de apoio material e financeiro importante.

O objetivo esperado deste capítulo é propor um projeto territorial adaptado às caraterísticas específicas da comuna e que vise melhorar os rendimentos e as condições de vida dos agricultores da zona do projeto através de acções de proteção dos recursos naturais combinadas com um aumento da produtividade e da rentabilidade das explorações e uma utilização mais racional dos recursos pastoris. Visa igualmente melhorar as condições de vida das mulheres e dos jovens rurais da zona, através da promoção de actividades agrícolas e não agrícolas geradoras de rendimentos e de infra-estruturas de base.

O projeto territorial que vamos propor envolverá, em grande medida, todos os actores do processo de desenvolvimento, incluindo a população local, que constitui a espinha dorsal de um tal projeto de desenvolvimento.

O carácter dinâmico do projeto permitirá à comuna rural de Sidi Boulkhalf iniciar um novo processo baseado numa abordagem participativa, bem como a adoção de uma planificação estratégica para a realização de projectos, dando prioridade aos seguintes domínios

1- Forjar as infra-estruturas de base, uma solução para um arsenal de problema

De acordo com as entrevistas que realizámos, "as pistas são uma prioridade nos pedidos da população e o interesse económico e social da abertura do território é evidente" (todos os entrevistados). A população pretende construir primeiro as vias, em particular algumas vias urgentes como a que liga vários douars. Esta via existe na realidade, mas precisa de ser alcatroada porque atravessa a maior parte dos douars (quase 22 douars). Esta via, com 26 km de comprimento, abrirá o território à população em causa e contribuirá também para melhorar a logística civil, sanitária e comercial. Mas estas vias não devem ser apenas alcatroadas, devem também ser objeto de uma boa manutenção para fazer face aos condicionalismos climáticos e topográficos.

A falta de experiência de alguns dos empreiteiros a quem o município subcontratou projectos está a agravar a situação e a aumentar a fatura orçamental do município. Daí a necessidade de delegar a tarefa a especialistas na matéria. A contribuição da população é importante. Esta contribuição traduziu-se na cedência de parcelas de terreno e na participação nos trabalhos.

1-O abastecimento de água é uma prioridade essencial para os habitantes, apesar da falta de interesse da população por este programa. A autarquia local deve assumir a responsabilidade de sensibilizar a população para a urgência de abastecer todas as habitações com água potável, bem como para a necessidade de construir centros de tratamento de água, que ajudarão a população a evitar, a longo prazo, a poluição e certas doenças. Este projeto pode ser realizado através do recurso a associações que têm por objetivo financiar projectos destinados a fazer sair o mundo rural da sua marginalização. Além disso, a mobilização permanente do apoio dos actores políticos e institucionais locais (colectividades locais e comunais, serviços da administração local, ONG de desenvolvimento rural, etc.) é uma condição necessária para a realização do projeto....), como condição necessária para assegurar a sustentabilidade da fórmula de gestão a adotar, o desenvolvimento da gestão local através do envolvimento da população no quadro da gestão comunitária. Este projeto requer o desenvolvimento de ligações domiciliárias a nível douar. Esta ação responde à procura crescente de ligações individuais por parte da população.

Embora o serviço básico mais urgente seja o acesso à água potável, alguns douars gostariam de melhorar o seu serviço optando pelo abastecimento ao domicílio.

A ONEP continua aberta a este tipo de serviço, desde que sejam respeitadas certas condições técnicas, financeiras e de gestão.

2- Preservar os recursos naturais para reduzir a pobreza

***A - Conservação dos solos e controlo da erosão*:** O homem, através de práticas inadequadas nas encostas, é o principal fator que influencia a intensidade da erosão. O abate de florestas e de pastagens naturais, o sobrepastoreio, o cultivo descuidado de terrenos inclinados propensos à erosão, a lavoura mecanizada em encostas íngremes e a não devolução ao solo dos nutrientes retirados pelo cultivo facilitam o escoamento superficial e, consequentemente, a erosão e os seus efeitos indesejáveis no ambiente e na economia.

A erosão do solo resulta da interação entre factores estáticos e dinâmicos. Os factores estáticos estão relacionados com a vulnerabilidade do terreno. Esta é uma caraterística específica do meio, dependente da natureza do terreno e independente dos factores dinâmicos. Os factores dinâmicos são os agentes de pressão, que podem ser naturais (clima e coberto vegetal) ou humanos.

A precipitação desencadeia o processo de erosão hídrica, enquanto a vegetação limita este processo, o que significa que o clima tem um efeito destrutivo e a vegetação um efeito protetor. Dependendo da forma como desenvolvem as suas actividades, os seres humanos podem ter um impacto positivo ou negativo no processo de erosão hídrica.

Com o aumento da população, a mecanização do trabalho agrícola, a extensão das terras cultivadas e a degradação da vegetação e do solo têm progredido de forma alarmante. A degradação do coberto vegetal tem como consequência o aumento da erosão hídrica.

De um modo geral, no vale de Ghazef, nas encostas demasiado íngremes (devido à erosão ou ao sobrepastoreio), o escoamento superficial é rápido e intenso, organizando-se de diversas formas consoante o declive, da natureza dos materiais e da rugosidade da superfície, e ataca o solo a uma profundidade crescente, transportando os sedimentos para o afloramento do leito rochoso. O processo continua até à gënëralização da ravina e à formação de badlands.

O projeto deve incluir alinhamentos de pedra e muros baixos combinados com a manutenção da fertilidade através de estrume orgânico: os muros baixos são pequenos muros construídos em pedra seca (sem cimento ou gesso) ao longo das curvas de nível. São utilizados para limpar as parcelas de terreno das pedras que impedem o seu desenvolvimento, reduzir o escoamento superficial e a sua velocidade e reter os sedimentos transportados. Nos declives médios a acentuados, os socalcos progressivos são rapidamente criados graças à erosão hídrica e mecânica. O resultado é uma melhoria do solo em termos de humidade e de profundidade, e portanto mais produtivo. São mais adaptados aos declives acentuados (>15%).

O projeto deve prever a instalação de camalhões, que são pequenas faixas de terra: seguindo as curvas de nível, conferem ao solo uma rugosidade que facilita a infiltração e retarda o escoamento. Este tipo de sistema de camalhões permite que uma quantidade máxima de água se infiltre no solo, possibilitando o cultivo de uma grande variedade de espécies: as espécies que necessitam de uma grande quantidade de água são cultivadas nos cochos (alfafa, por exemplo), e as espécies mais resistentes à seca são semeadas nos camalhões (erva-mate, por exemplo).

O município lançou também uma iniciativa de instalação de gabiões nas zonas de erosão concentrada. No entanto, os objectivos e o alcance dos trabalhos são mal compreendidos, a população local não parece estar envolvida, os estudos de viabilidade estão atrasados e as negociações com a população local arrastam-se quanto à escolha dos locais de trabalho. É de notar que o tratamento anti-raízes só atingirá um elevado grau de eficácia se o tratamento mecânico for completado por um tratamento biológico em grandes áreas a montante.

B - Reabilitação do património silvo-pastoril: este projeto visa melhorar os terrenos silvo-pastoris através de sementeiras, adubações e plantações de arbustos. Afectará fontes de vida essenciais para as populações locais, sujeitas a uma exploração abusiva, tolerada ou ilegal de forragens foliares, lenha e madeira. No entanto, não se podem efetuar melhorias sem um plano de defesa, com ou sem o acordo das populações locais. Este projeto deve, portanto, prever a elaboração de planos florestais concertados com os utilizadores, com vista a uma gestão participativa baseada na "delimitação do património florestal, regularização de ocupações ilegais, reflorestação, melhoria das pastagens e infra-estruturas socioeconómicas". Os engenheiros e técnicos hídricos e florestais devem conjugar os seus esforços com a população e as autoridades locais para preservar os recursos naturais da região e combater os caçadores furtivos que destroem as florestas.

C - Reabilitação de pequenos regadios: Os objectivos do nosso projeto são o desenvolvimento e a gestão racional dos recursos terrestres e hídricos, através do desenvolvimento agrícola de grandes e pequenos regadios.

Um plano de ação adequado com os seguintes objectivos:

> Aumentar o desempenho dos sistemas de irrigação na área e garantir a sustentabilidade do equipamento;

> Racionalizar a utilização da água.

> Melhorar a qualidade do serviço de distribuição de água aos regantes;

Este plano de ação centra-se em três áreas:

- Melhorar o desempenho das infra-estruturas de irrigação através da intensificação da manutenção e da reabilitação das obras e do equipamento de irrigação;
- Otimização da aplicação da água no campo e introdução de novas técnicas de irrigação mais eficientes em termos de água;
- Reforçar o controlo e a organização dos utilizadores e sensibilizá-los para a necessidade de uma melhor e mais eficaz gestão da irrigação.

D - Apoio técnico aos agricultores: A formação é um instrumento essencial para melhorar a produtividade e a competitividade dos sectores-alvo. O seu principal objetivo é melhorar o nível técnico e o desempenho dos vários operadores ao longo de toda a cadeia de valor, em especial a ligação à comercialização.

Para os produtores, a formação introduz boas práticas de gestão das plantações, colheita e armazenamento. Para os transformadores, o objetivo da formação é melhorar as técnicas de transformação e de valorização e introduzir um sistema de gestão da qualidade.

É de salientar que os objectivos previstos só serão plenamente alcançados e os resultados esperados só serão sustentáveis se a formação integrar fortemente os recursos humanos das estruturas de gestão e das organizações profissionais já existentes ou que venham a ser criadas durante a execução do projeto.

O projeto deve, por conseguinte, prever a execução de um programa de formação que responda às necessidades das diferentes categorias de intervenientes nos sectores-alvo, a saber

- Agricultores e seus filhos
- Mulheres.
- Os gestores das cooperativas e das associações de produtores, através da formação dos responsáveis pelos projectos e do apoio técnico que lhes é prestado, beneficiarão da sua experiência em matéria de criação de projectos, de planificação, de acompanhamento, de avaliação, etc. Isto permitirá aos responsáveis pelos projectos ter uma visão a longo prazo para evitar o fracasso.

II- Promover e alargar o turismo de montanha a fim de salvar o património diversificado da comuna de sidi Boulkhalf

O património é um conjunto de bens reconhecidos como tal pela coletividade local em questão. Esta confere-lhe um valor, ligado ao seu passado, que deseja transmitir aos seus descendentes. Trata-se de bens, corpóreos ou incorpóreos, que têm como caraterística essencial permitir o estabelecimento de uma ligação entre gerações, passadas e futuras. O património está, portanto, ligado a um legado a transmitir, decorrente da história mais ou menos antiga do território em estudo. Neste sentido, o património tem necessariamente uma dimensão colectiva. A sua conservação é, portanto, de interesse público. É um bem coletivo no sentido económico do termo. Assim, como qualquer bem, o património tem um valor enquanto recurso que pode contribuir para o desenvolvimento do território que o produziu (Choay 2009).

A presença de um património significativo é suscetível de atrair novos residentes e novas actividades, contribuindo assim para uma evolução demográfica favorável. É certo que é difícil medir este efeito de atração. Mas pode ser aprendido através de um inquérito aos recém-chegados sobre as razões que os levaram a mudar-se para a zona.

Quanto mais elevado for o nível de educação e de formação da população, mais uma das condições essenciais para o desenvolvimento territorial é satisfeita. O número de anos de escolaridade e o nível mais elevado de qualificações obtidas são os indicadores habituais

desta situação.
Se o património local for valorizado nas práticas pedagógicas locais, é um fator positivo de enriquecimento cultural. Este aspeto pode ser medido pelo número de actividades extracurriculares baseadas neste património, conferências e eventos culturais desencadeados pela sua presença.
O nível de rendimento de uma região depende da sua capacidade de reter os rendimentos gerados pela sua própria produção, bem como os gerados no estrangeiro, que consegue atrair. A maior parte dos indicadores que podem ser utilizados neste domínio a nível territorial provêm de dados fiscais sobre o rendimento das famílias. De facto, os estudos de contabilidade regional, tal como os estudos de contabilidade nacional, são relativamente pouco numerosos e quase inexistentes a níveis territoriais mais finos, pois a sua realização é bastante pesada. A contribuição do património neste domínio provém do seu valor económico em todas as suas formas.
Em primeiro lugar, temos as receitas geradas pelo turismo (Cuvelier P. 1994). São tradicionalmente medidos pelos rendimentos da atividade hoteleira, da restauração, do comércio de lembranças, das visitas, etc. A presença de residentes secundários, atraídos para a zona devido à existência deste património, aumenta o rendimento dos artesãos da construção, das empresas locais e dos recursos fiscais locais.
O volume de emprego erëë pela existência de um património é um indicador e!ë de ëtudes do impacto deste último na economia territorial (ARP-PACA 2008). Trata-se de empregos diretos, tais como os ligados ao acolhimento de turistas (restauração, hotelaria, guias, transportes, manutenção do património, lojas de lembranças...). Estes dados são relativamente fáceis de recolher. Mas trata-se também dos empregos induzidos pelas despesas efectuadas na zona, dos detentores destes empregos diretos e, mais amplamente, de todos aqueles que beneficiam do rendimento criado pela presença deste património.

1- Proteção e valorização dos sítios geológicos com pegadas de dinossauros:

Ao contrário das espécies biológicas, os elementos geológicos não se reproduzem e a dëtërioration de um sítio resulta na sua perda permanente: a conservação e a proteção de certos sítios são, por conseguinte, essenciais para a compreensão e a conservação da biodiversidade circundante. De facto, a gëosphëre e a biosfera, os geossistemas e os ecossistemas estão ligados. Os ecossistemas actuais são apenas o último fotograma de um filme que o geólogo está a tentar recriar. O ambiente geológico e a história da Terra fornecem pistas para compreender a evolução da vida e da biodiversidade actuais.
Em maio de 2000, a Associação para a Proteção do Património Geológico de Marrocos (APPGM) foi fundada por um grande número de geólogos marroquinos e estrangeiros. Na sequência de várias viagens de estudo à província de Azilal, os membros da APPGM confirmaram a importância do património geológico regional e a necessidade de o integrar no processo de desenvolvimento económico e social de toda a região de Tadla-Azilal.
Por conseguinte, é urgente proteger e recuperar estes sítios de dinossauros. O município deve tomar algumas medidas, nomeadamente

> A construção de vedações para que os sítios possam ser abordados sem serem pisados,

> A construção de abrigos para proteção contra os riscos climáticos, nomeadamente a insolação e o escoamento. Devem ser construídos de acordo com a arquitetura local e integrar-se na paisagem.

> As lajes com pegadas de dinossauros devem ser limpas, removendo os escombros e

quaisquer detritos superficiais,

> As fendas, fissuras e diaclases devem ser limpas, removendo todas as raízes de plantas e detritos de rocha,

> As fendas e fissuras são preenchidas com cimento para as grandes fendas e com bombas e seringas que injectam resinas à base de microfina de alumina, azurina ou pó de vidro para as fendas médias e pequenas,

> No final, as gravuras são revestidas com uma mistura de carvão, cal e cola para as tornar mais resistentes e distintivas e, por conseguinte, mais valiosas (APPGM).

> A construção de um muro paralelo à direção dos trilhos que irá "filtrar" os ventos dominantes para minimizar a erosão dos trilhos causada pelo transporte eólico das areias. Sobre este muro, servindo de suporte, está prevista a construção de um "solar ëcraп" por um sistema de cobertura "parabólico"; a totalidade deste abrigo deve ser exëcutë em matëriaux locais.

Figura 8: Modelo de proteção da impressão digital. visa reduzir a degradação das suas pegadas e aumentar o orçamento da comuna (APPGM).

1- As eiras, parte integrante da paisagem das aldeias do Atlas marroquino

As eiras são um elemento importante dos socalcos anti-atlânticos. Em todo o caso, é através destas estruturas, e talvez ainda mais através daquelas que se encontram quase por todo o lado, aqui e ali, junto dos vestígios de povoações e essencialmente dos antigos celeiros colectivos, que podemos, de certa forma, testemunhar o passado agrícola (ЫЁ e sobretudo cevada) desta montanha berbere. O simples facto de todos os berberes dësignarem o Ыё pelo mesmo termo irden* é, por si só, um indício da cultura ancientetë deste cërëalale no Norte de África (S. Chaker, 1995).

Na maioria dos casos, cada família tem a sua própria eira. São construídas horizontalmente, na medida do possível, junto ao douar; por vezes, são mesmo anexas às casas, limitando ou facilitando assim, tanto quanto possível, o transporte dos cereais. No entanto, logo que o espaço disponível para a construção se torna Ппн1ё no cimo das colinas, as eiras são construídas nas encostas imediatamente abaixo das habitações e a meia encosta, em declives que ultrapassam por vezes 60% de inclinação. Partilham assim o espaço com os terreiros em socalcos; ambos são então sujeitos ao mesmo processo de adaptação ao declive e ambos são construídos com o mesmo material lítico. As lajes de pedra para as eiras são cobertas com uma argamassa de argila simples para garantir uma perfeita ëtanchëitë e proteger o anrar da

тёГайз da água da chuva.
Quando o espaço o permite, as eiras são colocadas lado a lado, perto das habitações, aproveitando as raras inclinações oferecidas por esta montanha. Mas quando o espaço é escasso, os camponeses são obrigados a construir as suas eiras nas encostas, por vezes íngremes. Segundo os agricultores, estas estruturas são construídas onde estão bem expostas ao vento, o que lhes permite refrescarem-se enquanto trabalham, e sobretudo para que o pó e os fëtus voem para um lado quando poderiam ser colocados no outro.
As dimensões do inraren também são variadas. A altura dos muros, e mais prëcisëment do bordo exterior da construção, varia entre 30 ou 40 cm e 1 m. Como acontece com qualquer objeto construído numa encosta, a altura também está muito relacionada com a inclinação da encosta; quanto mais íngreme for a encosta, maior será a necessidade de elevar a parede. Em suma, os muros de inraren são objeto do mesmo tratamento que os dos terraços cultivados.

Foto 8: Qualquer que seja o seu método de construção (pavimento ou taipa) e qualquer que seja o seu tamanho, as eiras têm um buraco no centro, chamado tit nounrar oü, onde é colocada uma estaca, chamada tigjdit em berbere, à volta da qual os animais, especialmente o burro, balançam. Note-se que também existem eiras sem esta estaca central, mas são raras. Como todas as
Para além de ser um bem construído, o anrar é também mantido durante o ciclo agrícola. No caso de um terreiro coletivo, a manutenção é da responsabilidade da entidade que o construiu.

2- promover o turismo em socalcos, uma iniciativa de desenvolvimento local

As paisagens em socalcos oferecem um campo privilegiado para o desenvolvimento do turismo cultural. Todas as outras formas conhecidas de turismo rural ou expressões utilizadas nas análises e na linguagem política - turismo de montanha, turismo de caminhadas, ecoturismo, agroturismo, etnoturismo, etc. - podem ser associadas a este tipo de turismo. As expressões são tantas que, por vezes, é difícil estabelecer uma fronteira entre cada uma destas formas ou defini-las. As paisagens em socalcos podem ser mantidas ou desenvolvidas para fins turísticos de várias formas. Em primeiro lugar, evidentemente, mostrando aos visitantes a própria base desta agricultura de montanha, ou seja, o terraço cultivado com todos os seus elementos associados, isto é, o muro de pedra seca e a rede de irrigação (ouggoug, charij, seguia). Em segundo lugar, esta valorização passa também pela apresentação daquilo a que os especialistas chamam hoje o produto ou "património imaterial" (J-M. Decroly et al, 2006), que reúne, no sentido próprio do termo, tudo o que tem a ver com o costume, a tradição local, os modos de vida, as festas, o folclore, o artesanato, a língua, a gastronomia, os usos e os rituais, etc. Se tivermos em conta este segundo aspeto, as paisagens em socalcos podem oferecer um produto original e um recurso turístico muito rico que poderia ser promovido e reconhecido como património imaterial ou património "não edificado", para utilizar a expressão de J-M. Dewailly e E. Flament. Flament.

A valorização destas paisagens através da apresentação das suas tradições ancestrais seria mais atractiva para os turistas. É provável que atraia muito mais público do que a apresentação da paisagem por si só. Teria mesmo a vantagem de prolongar a duração das estadias.

Estes recursos podem, por conseguinte, ser descobertos de diversas formas, por exemplo, durante viagens de um dia ou férias especiais. A seguir, identificámos os elementos mais susceptíveis de criar uma oferta turística pertinente e coerente nas paisagens em socalcos, assegurando assim a sua preservação para as gerações futuras.

A -Desenvolvimento de actividades geradoras de rendimentos

O pedestrianismo é outra atividade que deve ser tida em conta. Neste caso, podemos aproveitar a experiência, ou melhor, o feedback, dos numerosos programas lançados há quase duas décadas no Médio e Alto Atlas marroquino. Esta atividade permitirá aos turistas descobrir a pé os altos vales, com o seu terreno único, os seus desfiladeiros e a sua cultura berbere profundamente enraizada. Talvez a melhor forma de ajudar o turista a compreender como vivem estas populações de montanha seja levá-lo a ver com os seus próprios olhos como se faz uma nouba e, porque não, se o horário de trabalho do(s) fellah(s) o permitir, assistir a outras actividades agrícolas (lavoura, colheita, apedrejamento, etc.).

O alojamento deve ser efectuado em casa dos habitantes locais, o que lhes permitirá compreender o modo de vida desta população camponesa e melhorar os seus rendimentos graças à oferta de alojamento. A venda de artesanato (tapetes, esteiras) e talvez o aluguer de mulas poderiam completar a atividade. No que diz respeito ao alojamento domiciliário, o problema do acolhimento de estranhos numa casa continua a ser, segundo alguns, uma questão crucial para os berberes. Para o resolver, o habitante deve reservar um espaço, um quarto ou dois, no interior da casa. Pode também construir uma habitação no exterior, perto da sua casa, evitando, evidentemente, construir uma casa de betão ou de tijolo. Por outras palavras, é necessário conservar e/ou imitar as caraterísticas de uma casa tradicional (pedra, terra, palha, etc.), introduzindo ao mesmo tempo os confortos necessários para garantir a higiene e a segurança. A opção de alojamento em casa de habitantes locais só será possível e, sobretudo, bem sucedida se esta última condição for cumprida. Dada a atitude da população em relação aos visitantes, poderíamos também imaginar o desenvolvimento de alojamentos em locais construídos perto do douar e geridos coletivamente pelos jmaa.

b- visita guiada a uma construção em terraço

Mostre como se constrói um terraço de cultivo ou um anrar, outro objeto frequentemente associado a terrenos em socalcos. Por exemplo, de cada vez que um turista passa, é acrescentada uma ou duas pedras. Várias experiências neste sentido foram já experimentadas e bem sucedidas em diferentes países do mundo; em França, por exemplo, são organizadas jornadas de reconstrução de muros de pedra seca, frequentadas por visitantes entusiastas. Estas jornadas permitem tanto a recuperação de muros de suporte como o intercâmbio entre formandos de todo o mundo.

c- moussems nos circuitos turísticos

Fazer coincidir as datas das excursões ou dos passeios com o(s) moussem(s), as festas agrícolas e o(s) souk(s) que são bem conhecidos nas montanhas do Alto Atlas. Estas diferentes manifestações, que poderiam obviamente ser atribuídas ao turismo cultural, poderiam constituir uma atração turística suplementar. Na minha opinião, representam a montra mais visível das tradições ancestrais das populações visitadas. Por um lado, permitirão ao visitante mergulhar durante algumas horas num ambiente diferente do seu e interagir com a população local durante alguns momentos de festa. Estes souks semanais vendem toda uma gama de produtos: produtos frescos (legumes, frutas), mas sobretudo produtos transformados (azeite, mel), numa palavra, produtos colhidos nos socalcos. Nalguns souk(s), o artesanato também está disponível.

d- promover a cultura de árvores alimentares

Os socalcos de cultivo podem também ser mantidos através da promoção das culturas arbóreas alimentares tradicionais em que se baseia esta agricultura de montanha. Trata-se frequentemente de produtos de grande qualidade, como a amendoeira, a oliveira, a alfarrobeira, a vinha, a macieira e a nogueira.

É possível organizar uma visita às cooperativas para mostrar os métodos e técnicas tradicionais utilizados para a obtenção do azeite (colheita manual, despolpamento, seleção e, finalmente, extração do azeite). É também a fonte de um objeto patrimonial, o lagar tradicional de lmaassert. No entanto, são urgentemente necessárias medidas de conservação para salvar e valorizar estes artefactos, que frequentemente caem em desuso e ruína, para serem substituídos por lagares modernos.

Os próprios turistas, por que não, poderiam participar em todo o processo de transformação; a ideia seria estabelecer um diálogo com o turista em termos de trocas mútuas. Poderia ser criado um sistema de venda direta: os membros criariam uma organização que lhes permitiria acompanhar todo o processo, desde a colheita até à comercialização do produto acabado.

O mesmo conceito pode ser aplicado à amendoeira, que também é objeto de uma série de operações, tanto tradicionais como antigas.

Em última análise, graças ao desenvolvimento destes produtos locais, iremos indiretamente valorizar o próprio suporte em que são colhidos, nomeadamente os terraços de cultivo. De certa forma, isso garantirá uma certa garantia de manutenção desses terroirs e, conseqüentemente, de sua përeпкë, da mesma forma que ajudará a reviver 1 artesanato local e amëliorar a renda dos habitantes.

Como podemos ver, existem muitas formas de valorizar as paisagens em socalcos. Embora não sejam exaustivas, o objetivo de todas estas propostas é ajudar o visitante a descobrir os usos e costumes das populações que visita. Ao mesmo tempo, como efeito secundário e indireto, podem contribuir para manter vivas essas práticas e esse património material e imaterial. Através destes recursos, podemos constatar que não falta intërët às montanhas do Alto Atlas em termos de turismo em дёгагн! e em termos do dëveloppement do turismo com uma cara^re de iacon particuSre cultural e patrimonial.

Podemos então imaginar que, explorando todos os trunfos de que bënë esta montanha beneficia, nomeadamente: (a) a existência de recursos paisagísticos e patrimoniais, (b) a existência de um saber-fazer agrícola e artesanal e, por fim, (c) a existência de uma importante rede viária, seria possível criar circuitos turísticos que oferecessem excursões gratificantes em um, dois ou mesmo mais dias, se todo o Alto Atlas central fosse tomado em consideração.

e- Um albergue no douar de Taghbaloute para estimular o turismo de montanha

Esta pousada reforçará a capacidade de alojamento da região. A pousada será concebida em harmonia com a paisagem pitoresca. A estrutura oferecerá conforto e tranquilidade aos amantes da montanha. Os "guitounes" serão instalados no meio das oliveiras para aqueles que preferem passar a noite ao ar livre (Amal TAZI, 2003).

Este projeto de turismo rural presta apoio financeiro para estimular o desenvolvimento rural e ajudar a revitalizar a economia local. O objetivo é aumentar as oportunidades para as pessoas que vivem em zonas rurais, a fim de as desencorajar de migrar.

A estratégia de promoção do turismo rural consiste em equipar as aldeias com estradas para os albergues, eletricidade, água potável e redes de esgotos. Naturalmente, esta ação não só beneficiará os turistas, como também contribuirá para melhorar as condições sociais dos habitantes dos douars onde se situam estas pousadas e reforçará a política do Estado de luta contra a imigração rural.

Conclusão

As infra-estruturas rurais são essenciais para reduzir a pobreza e promover o comércio e a comercialização dos produtos locais. São também um meio de evitar a eclosão de conflitos. A nossa proposta vai nesse sentido, defendendo ao mesmo tempo a ideia de que as estradas, a saúde, a educação, o saneamento, etc. são prioridades indiscutíveis.

Uma vez que o rendimento da maioria da população se baseia essencialmente na agricultura, o nosso projeto visa, de acordo com os programas que propusemos, melhorar a produtividade e a rentabilidade das explorações agrícolas, numa perspetiva de sustentabilidade, para que possam desempenhar um papel mais importante no abastecimento dos mercados urbanos. Esta é também a chave do crescimento das zonas rurais.

É importante salientar que uma manutenção ou valorização bem sucedida só pode ser alcançada se forem cumpridos determinados critérios, essencialmente ligados a uma boa gestão e proteção do património; é aconselhável evitar a falta de jeito na manutenção do património. Por outras palavras, devemos rejeitar qualquer inspiração urbana na renovação de objectos patrimoniais. Um tal erro desqualificaria certamente o carácter e a dimensão patrimonial da paisagem proposta. Por conseguinte, devem ser reabilitados mantendo, na medida do possível, a antiga decoração tradicional e/ou a paisagem. No que diz respeito aos serviços oferecidos e aos produtos vendidos aos turistas, seria essencial encorajar os artesãos e os comerciantes a adotar uma política de preços razoável e acessível. Por último, para que o retorno económico seja o mais rentável possível, estas operações de desenvolvimento devem fazer parte de programas concertados entre todos os parceiros turísticos locais e o(s) fellah(s). Por outras palavras, seria bom envolver as populações locais envolvidas nesta política de desenvolvimento. Os emigrantes, com os seus recursos financeiros, poderiam desempenhar um papel útil nos projectos de restauração.

Em suma, só podemos falar de turismo sustentável e, de uma forma mais geral, de uma estratégia de desenvolvimento sustentável nestes contrafortes alto-atlânticos, se formos realmente capazes de manter esta população nas montanhas, tanto a curto como a longo prazo, e de garantir um rendimento suplementar aos "fellahs", que manteriam ao mesmo tempo a sua atividade principal, a agricultura. Esta é a condição mais importante que deve ser cumprida, porque o desenvolvimento do turismo poderia comprometer ainda mais esta agricultura tradicional. O turismo, com os rendimentos substanciais que pode gerar, muitas vezes com menos esforço do que o obtido nos socalcos, poderia de facto desviar os agricultores da agricultura. O exemplo descrito por E. Des Bordes nas Cinque Terre (Itália) é exemplar e instrutivo a este respeito. Segundo o autor, os viticultores, tendo descoberto a importância dos lucros do turismo em relação aos da agricultura, abandonaram esta última para se concentrarem no turismo, que consideravam rentável tanto em termos económicos como, sobretudo, em termos de qualidade de vida. Escreve: "Os viticultores, dominados pela miragem do turismo, esqueceram-se de visitar as suas terras para cuidar das vinhas e erguer os muros de pedra seca em ruínas", ao passo que "os visitantes vinham sobretudo admirar estas paisagens fabulosas, forjadas ao longo dos séculos pelo trabalho dos homens, e provar o vinho que era o resultado de tanto esforço e sacrifício" E. Desbordes, (1999).

Além disso, convém recordar que estes espaços não podem ser geridos sem a participação efectiva dos seus habitantes e sob a responsabilidade de certos operadores locais. Para garantir uma melhor participação das populações locais nos diferentes projectos, o desenvolvimento turístico do território não deve nunca ser uma preocupação exclusiva de investidores exógenos ou de funcionários públicos. A população local deve ser verdadeiramente envolvida na elaboração e gestão dos projectos através de representantes eleitos, investidores locais ou associações (Tribak et al 2006).

Conclusão geral

Nos últimos anos, Marrocos registou avanços políticos significativos, nomeadamente com a introdução de novas disposições na carta comunal, um processo iniciado e concretizado pelo Rei aquando da sua subida ao trono. Esta evolução deu origem a um novo conceito de autoridade. No mesmo contexto, foi favorecida a adoção de uma abordagem territorial do desenvolvimento, que implica a consideração de todas as interações e sensibilidades políticas específicas do território. Esta abordagem considera o território como um todo, tendo em conta a sua densidade humana, as suas dimensões sociais e as suas sedimentações históricas. Hoje em dia, o planeamento municipal baseia-se nesta abordagem, bem como na abordagem participativa, em que cabe à instituição municipal, enquanto portadora do seu Plano de Desenvolvimento Municipal (PDM), envolver todos os actores locais de forma "organizada". A participação pretendida vai para além da informação ou da simples consulta, visando um envolvimento efetivo, material e moral, motivado pelo interesse e pelas necessidades comuns. Esta forma de participação é suscetível de assegurar a continuidade dos projectos após a conclusão dos programas.

O sucesso do processo depende também da tomada em consideração da questão do género, onde homens e mulheres são ativamente envolvidos na definição das suas necessidades e interesses de acordo com as suas realidades respectivas. Ao mesmo tempo, o reforço da posição institucional da comuna e a depuração do trabalho político local são duas condições essenciais para assegurar uma descentralização credível.

É essencial dar à população e aos actores locais os meios de se responsabilizarem pelo seu próprio desenvolvimento, de participarem na identificação das suas necessidades e de contribuírem coletivamente para a procura de soluções e para a implementação das orientações estratégicas que definiram. É esta a ideia orientadora do plano de desenvolvimento local. A abordagem participativa torna-se essencial, nomeadamente quando os planos de desenvolvimento local se baseiam num diagnóstico territorial participativo e num planeamento estratégico participativo.

Por conseguinte, é evidente que todos os fundamentos e princípios do planeamento municipal requerem uma comunicação eficaz no seio dos órgãos de gestão do plano e, idealmente, entre as várias entidades envolvidas.

A participação deve ser vista como um meio para atingir um fim e não como um fim em si mesmo. A sua aplicação exige tempo e esforço para sensibilizar as pessoas, compreender as suas motivações e encontrar soluções com elas. Qualquer tentativa de desenvolvimento agrícola e rural deve, por conseguinte, ser um processo a longo prazo.

Além disso, torna-se necessário passar de uma abordagem que privilegia a participação das populações locais nos projectos para uma abordagem que visa apoiar as iniciativas locais. Para o efeito, é indispensável assegurar o apoio a longo prazo às organizações de base, a fim de favorecer a sua capacidade de integração nos processos de descentralização e de profissionalização. Para tal, é necessário que o agente de desenvolvimento esteja em sintonia com a dinâmica local e que trabalhe com a população em causa para a enquadrar com êxito no seu contexto regional, nacional e mesmo internacional.

O município é, sem dúvida, o órgão de governação do desenvolvimento local e, por conseguinte, tem a responsabilidade de assumir a estratégia de comunicação para o estabelecimento de parcerias e a mobilização dos outros actores. Cabe aos eleitos locais, formados e preparados, perpetuar esta nova cultura de parceria para o desenvolvimento, promovendo a aproximação entre os actores locais, a população e os serviços externos, num esforço permanente ao serviço do bem comum.

Para as gerações mais jovens, a agricultura de montanha já não tem grande interesse. Aos seus olhos, é uma coisa do passado. Ao contrário das gerações anteriores, que não viam necessariamente o trabalho e o esforço em termos de produtividade, os jovens de hoje colocam a tónica na rentabilidade. O seu discurso unânime refuta uma realidade: um investimento considerável em termos de trabalho ao longo do ano gera apenas retornos muito modestos. Questionam o valor, e sobretudo o lucro, desta atividade. A sua perspetiva não é totalmente errada, porque alguns meses passados na cidade oferecem outras oportunidades de emprego muito mais remuneradoras do que um ano de trabalho na quinta.

A maior parte dos trabalhos agrícolas continua a ser efectuada de forma tradicional, utilizando a força muscular humana: os campos são arados com um arado e/ou uma enxada e os cereais são colhidos com uma foice. Mesmo as pessoas mais velhas descrevem esta forma de agricultura como ultrapassada, qualificando-a de "antiquada".

Perante esta situação, torna-se imperativo procurar alternativas e implementar soluções para reavivar o interesse das populações pelas suas paisagens. Embora se possam prever várias utilizações possíveis, a que parece mais promissora para reavivar estas paisagens é o desenvolvimento de uma atividade de turismo patrimonial. Neste contexto, as paisagens em socalcos poderiam constituir um suporte fundamental para o turismo cultural no Alto Atlas central marroquino.

No entanto, para que esta iniciativa seja bem sucedida, é essencial que os socalcos passem a ser reconhecidos pelos poderes públicos e pela população local, nomeadamente os agricultores, como um património cultural a preservar e valorizar. Além disso, seria conveniente combinar esta valorização com outros elementos históricos, paisagísticos, arquitectónicos, sociais e económicos específicos da região do Alto Atlas.

A médio e longo prazo, esta abordagem poderia melhorar a rendibilidade dos agricultores. Se for bem sucedida, poderá mesmo contribuir para atrair novas populações para esta região montanhosa ou, pelo menos, para fixar as que nela vivem atualmente.

Em suma, para que o turismo seja benéfico e sustentável, é necessário que seja feito com mão de ferro, em benefício das populações locais, e, mais uma vez, isso só é possível se forem as próprias populações locais a tomar a seu cargo, em estreita colaboração com as comunidades locais e as autoridades, os serviços do Ministério do Turismo e, claro, com os profissionais do turismo de montanha, e mesmo com todas as associações e outras organizações da sociedade civil que têm a montanha como área de ação.

Referências

* ♦* Amal TAZI , Taza : Une auberge pour animer le tourisme de montagne PиbHë dans L'Economiste le 05 - 09 - 2003 , Article disponible en ligne a l'adresse suivante http://www.maghress.com/fr/leconomiste/50167 (page consul le 23/06/2013)

* ARP-PACA (2008), L'impact ëconomique et social du patrimoine en region Provence-Alpes-Cote d'Azur, Cahiers de l'Agence regionale du patrimoine.

* ♦* AUBERTIN (C.), 2001, "La montagne, un produit du dëveloppement durable", Revue de Gëographie Alpine, Grenoble, n°2,

* Choay F. (1992), L'altegorie du patrimoine, Seuil Paris.

* Choay F. (2009), Le patrimoine en question, Seuil, Paris.

* ♦* Cuvelier P. (1994), Torres E e Gadrey J., Patrimoine, modëles de tourisme et dëveloppement local, L'harmattan, Paris.

* DESBORDES Emmanuel, 1999. Les paysages de terrasses agricoles dans le bassin mëditerranëen septentrional: ëtude comparee des Alpes-Maritimes et la Ligurie.

* FIDA (2001), Participatory approach for an impact-oriented project cycle - workshop report "Strengthening the impact orientation of IFAD's project cycle" Roma.

* Jacques Gandini (2000), Le Geoparc du M'Goun, Artigo disponível em linha em http://www.prehistoire-du-maroc.com/iroutlane-iwariden/Page-3.html (página consultada em 10/06/2013)

* ♦* J-M. Decroly, A-M.Duquesne, R.Delbare e A.Diekmann, 2006. Tourisme et sociëtë: mutations, enjeux et dëfis, Bruxelles, Editions de l'Universite de Bruxelles, p. 66.

* ♦* J-M. Dewailly e E. Flament, 2000. Le tourisme, Paris, Collection Campus, Ed. S.E.D.E.S, p. 98.

* ♦* M. Ait Hamza. 2000. "Environnement et stratëgies paysannes dans le Haut-Atlas central", In : A. Laouina ^d.), la montagne marocaine, dynamiques agraires et dëveloppement durable , Rabat, Universite Mohamed V, Publications de la chaire UNESCO-GAZ NATURAL " Gestion de l'environnement et dëveloppement durable ", p. 48.

* Monografia da comuna de sidi boulkhalf: CT 18-03 de Demnate, maio de 2003

* ♦* NAJIM A et VEDELAGO F (2001), l'agent de dëveloppement local, Emergence et consolidation d'un profil professionnel, Chaire Unesco Universite de bordeaux 3, Ed La lause, Bordeaux.

* RGA 1996, serviço veterinário DPA Azilal

* ♦* S.Chaker, 1995. "Linguistique et Prehistoire : autour de quelques noms d'animaux domestiques en berbere", In : L'homme mëditerranëen, Mëlanges offerts a Garbiel Camps, R. Chenorkian (dir.), Aix-en-Provence, Publications de l'Universite de Provence, p. 259.These de doctorat en Geographie, Universite de Limoges, 2 volumes, 430 p.

* ♦♦ TRIBAK Abdellatif, LOPEZ LARA Enrique, M. Jose Miranda BONILLA, LAAOUANE Mohamed (2006) ,Actividades turísticas e desenvolvimento sustentável num espaço europeu.

MIX
Papier aus verantwortungsvollen Quellen
Paper from responsible sources
FSC® C105338

Printed by Books on Demand GmbH, Norderstedt / Germany